现代移动通信技术与系统

（第 2 版）

主　编　李崇鞅

编　委　廖海洲　宋燕辉　欧红玉

　　　　龙林德　兰　剑

西南交通大学出版社

·成　都·

图书在版编目（ＣＩＰ）数据

现代移动通信技术与系统 / 李崇鞅主编. —2 版.
—成都：西南交通大学出版社，2017.12（2023.7 重印）
21 世纪高职高专规划教材. 通信
ISBN 978-7-5643-5958-4

Ⅰ. ①现… Ⅱ. ①李… Ⅲ. ①移动通信 – 通信技术 –
高等职业教育 – 教材 Ⅳ. ①TN929.5

中国版本图书馆 CIP 数据核字（2017）第 317365 号

21 世纪高职高专规划教材 ——通信
现代移动通信技术与系统（第 2 版）

主　　编／李崇鞅

责任编辑／穆　丰
封面设计／何东琳设计工作室

西南交通大学出版社出版发行
（四川省成都市二环路北一段 111 号西南交通大学创新大厦 21 楼　610031）
发行部电话：028-87600564　028-87600533
网址：http://www.xnjdcbs.com
印刷：四川煤田地质制图印务有限责任公司

成品尺寸　185 mm×260 mm
印张　14.5　　字数　361 千
版次　2017 年 12 月第 2 版　　印次　2023 年 7 月第 9 次

书号　ISBN 978-7-5643-5958-4
定价　38.00 元

第 2 版前言

移动通信是当今通信领域发展的热点技术之一，尤其是随着 4G 移动通信网络商用以来，移动通信网络更加宽带化、智能化，拓宽了移动通信业务的应用范围，提高了移动通信网络的服务质量，带来了移动用户数量的快速增长。

为了培养适应现代移动通信技术发展的高素质、技术技能型专业人才，保证公众移动通信系统技术的优质、高效应用，促进电信行业的高速发展，我们在总结多年教学实践经验的基础上，组织专业教师和专家编写了本书。

本书为基于工作过程的系统化配套教材，采用"项目+任务"的结构，全面介绍了现代移动通信技术与系统应用。全书分为八个项目：项目一简要介绍了移动通信的基本知识，项目二介绍移动通信基础技术，项目三介绍移动通信工程技术，项目四介绍移动通信特有的控制技术，项目五介绍 GSM 移动通信系统，项目六介绍 CDMA2000 移动通信系统，项目七介绍 WCDMA 移动通信系统，项目八介绍 LTE 移动通信系统。本书在编写过程中，坚持"以就业为导向，以能力为本位"的基本思想，以岗位知识技能为基础，注重实践应用，按照信号处理流程与系统商用的编写思路，较好地体现了"理论简化够用，突出能力本位，面向应用性技能型人才培养"的职业教育特色。本书作为信息通信类专业教材，可根据专业需要选择相关项目，建议课时为 60～90 课时。各项目后附有过关训练，以客观题为主，便于 MOOC（大型开放式网络课程）课程教学。本书可作为大专院校的教材或教学参考书，也可作为通信企业的培训教材。

本书由湖南邮电职业技术学院移动通信系李崇鞅老师主编，并负责项目三、四、八的编写与全书统稿；廖海洲副教授负责项目一的编写与全书审阅；欧红玉副教授负责项目二的编写；龙林德老师参与编写项目四；宋燕辉副教授负责项目五、六、七的编写；深圳中兴通讯工程师兰剑参与编写项目八。在本书的编写和审稿过程中，我们得到中兴通讯公司、中国移动湖南公司和中国电信湖南公司技术专家们的大力支持和热心帮助，并提出了很多有益的意见。本书的素材参考了部分文献，特此向相关作者致谢。

由于编者水平有限，书中难免存在不妥和疏漏之处，敬请广大读者批评指正。

编　者
2017 年 9 月

第 1 版前言

移动通信是当今通信领域发展的热点技术之一，尤其是电信行业的再次重组和 3G 移动通信系统的商用，拓宽了移动通信业务的应用范围，带来了移动用户的快速增长，推进了 2G 移动网络的完善和 3G 移动网络的建设步伐，提高了网络的服务质量。

为了培养适应现代移动通信技术发展的高素质、高技能、应用型专业人才，保证公众移动通信系统技术的优质、高效应用，促进电信行业的高速发展，我们在总结多年教学实践经验的基础上，组织专业教师和专家编写了《现代移动通信技术与系统》一书。

本书为基于工作过程的系统化配套教材，采用模块-任务式的结构，全面介绍了现代移动通信技术与系统应用，全书分为九个模块：模块一简要介绍对移动通信的认知，模块二介绍移动通信编码与调制，模块三重点介绍移动通信组网技术，模块四重点介绍移动通信特有的控制技术，模块五重点介绍 GSM 移动通信网络，模块六重点介绍 CDMA 移动通信网络，模块七重点介绍 WCDMA 移动通信网络，模块八重点介绍 TD-SCDMA 移动通信网络，模块九重点介绍移动通信网络工程技术应用。

本书在编写过程中，坚持"以就业为导向，以能力为本位"的基本思想，以岗位知识技能为基础，引入实践任务，按照信号处理流程与系统商用的编写思路，较好地体现了"理论简化够用，突出能力本位，面向应用性技能型人才培养"的职业教育特色。本书作为信息通信类专业教材，可根据专业需要选择相关模块，建议课时为 60～90 课时。各模块后附有过关训练，便于自学。本书可作为大专院校的教材或教学参考书，也可作为通信企业的职工培训教材。

本书由湖南邮电职业技术学院移动通信系廖海洲副教授主编，并由他负责模块一、三、九的编写及全书审阅；高级通信工程师宋燕辉负责模块五、七、八的编写；龙林德编写模块二，并负责全书统稿；模块四由欧红玉编写；模块六由张敏编写。在本书的编写和审稿过程中，得到中国移动长沙公司技术专家们的大力支持和热心帮助，并提出了很多有益的意见。本书的素材来自大量的参考文献和应用经验，特此向相关作者致谢。

由于编者水平有限，书中难免存在不妥和疏漏之处，敬请广大读者批评指正。

编　者
2010 年 4 月

目　录

项目一　移动通信的认知 ……………………………………………………… 1

　　任务一　移动通信的概念 …………………………………………………… 1

　　任务二　移动通信的通信过程 ……………………………………………… 3

　　任务三　移动通信的工作方式 ……………………………………………… 5

　　任务四　移动通信的频率分配 ……………………………………………… 8

　　任务五　移动通信的发展 …………………………………………………… 9

　　过关训练 …………………………………………………………………… 14

项目二　移动通信基础技术 …………………………………………………… 16

　　任务一　编码技术 …………………………………………………………… 16

　　任务二　调制技术 …………………………………………………………… 25

　　任务三　扩频技术 …………………………………………………………… 35

　　任务四　多址技术 …………………………………………………………… 43

　　任务五　功率控制技术 ……………………………………………………… 47

　　任务六　分集技术 …………………………………………………………… 51

　　任务七　均衡技术 …………………………………………………………… 53

　　过关训练 …………………………………………………………………… 56

项目三　移动通信工程技术 …………………………………………………… 59

　　任务一　天线技术 …………………………………………………………… 59

　　任务二　电波传播技术 ……………………………………………………… 66

　　任务三　无线组网技术 ……………………………………………………… 71

　　任务四　环境噪声和干扰 …………………………………………………… 81

　　任务五　网络覆盖信号增强技术 …………………………………………… 87

　　任务六　基站防雷与接地技术 ……………………………………………… 92

　　过关训练 …………………………………………………………………… 97

项目四　移动通信特有的控制技术 ………………………………………… 100

　　任务一　位置登记与更新 ………………………………………………… 100

　　任务二　切换技术 ………………………………………………………… 104

　　任务三　漫游技术 ………………………………………………………… 108

　　过关训练 ………………………………………………………………… 110

项目五　GSM 移动通信系统 ……………………………………………… 112

　　任务一　系统概述 ………………………………………………………… 112

　　任务二　系统结构 ………………………………………………………… 115

　　任务三　通信流程 ·· 120

　　任务四　系统设备及维护 ··· 127

　　过关训练 ··· 134

项目六　CDMA2000 移动通信系统 ····························· 136

　　任务一　系统概述 ··· 136

　　任务二　系统结构 ··· 143

　　任务三　通信流程 ··· 147

　　任务四　系统设备与维护 ··· 152

　　过关训练 ··· 160

项目七　WCDMA 移动通信系统 ····························· 162

　　任务一　系统概述 ··· 162

　　任务二　系统结构 ··· 169

　　任务三　通信流程 ··· 174

　　任务四　设备操作与维护 ··· 176

　　过关训练 ··· 187

项目八　LTE 移动通信系统 ································· 188

　　任务一　系统概述 ··· 188

　　任务二　系统结构 ··· 193

　　任务三　LTE 通信过程 ·· 195

　　任务四　系统设备及维护 ··· 200

　　过关训练 ··· 209

英文缩略语 ·· 212

参考文献 ·· 224

项目一 移动通信的认知

【问题引入】

移动通信作为我国目前大众化的主要通信手段之一，那么何谓移动通信？移动通信与固定通信有哪些区别？移动通信的通信过程如何实现？移动通信的工作方式是什么？移动通信技术及产业链的发展情况如何？移动通信各制式网络的工作频段如何划分？这些都是本项目需要涉及和解决的问题。

【内容简介】

本项目介绍了移动通信的概念及特点，移动通信的通信过程，移动通信的工作方式，移动通信技术和产业链的发展情况，移动通信各大运营商的频段划分。其中移动通信的通信过程及移动通信的频段划分为重要任务内容。

【项目要求】

识记：移动通信的概念、移动通信的工作方式。

领会：移动通信的特点、移动通信的呼叫处理过程、移动通信的数据连接过程。

应用：移动通信技术和产业链的发展情况，移动通信各大运营商的频段划分。

任务一 移动通信的概念

【技能目标】

（1）掌握移动通信的概念。

（2）了解移动通信的特点。

【素质目标】

（1）培养学生勇于创新、善于探索的职业精神。

（2）培养学生善于查阅专业文献的职业习惯。

一、什么是移动通信

随着社会的发展，人们对通信的需求日益增加，对通信的要求也越来越高。人们希望能随时、随地、可靠地进行各种信息的交换，那么必须采用无线、移动的模式实施信息的传递。在完成通信技术发展的理想目标——"个人通信"方面，移动通信发挥了基础性的作用。

移动通信是指在通信中一方或双方处于移动状态的通信方式，包括移动体（车辆、船舶、飞机或行人）和移动体之间的通信，移动体和固定点（固定无线电台或有线用户）之间的通信；通信含有话音、数据、多媒体等多种业务。

二、移动通信的特点

移动通信用户需要在移动过程中与别人进行语音、视频、图像、数据等信息有效、可靠和安全的通信，因此，移动通信相对于固定通信具有以下特点：

（一）采用无线传输方式

移动通信与固定通信相比，不能利用有线传输方式进行，必须采用无线通信方式实现，使用无线电波传输信息。否则，无法实现移动台的移动。

（二）电波传播环境复杂

移动通信工作在 VHF 和 UHF 两个频段（30~3 000 MHz），电波的传播以直接波和反射波为主。因此，地形、地物、地质以及地球的曲率半径等都会对电波的传播造成影响。我国地域辽阔，地形复杂、多样，其中 4/5 为山区和半山区，即使在平原地区的大城市中，由于高楼林立也使电波传播环境变得十分复杂，复杂的地形和地面各种地物的形状、大小、相互位置、密度、材料等都会对电波的传播产生反射、折射、绕射等不同程度的影响。

（三）频率是移动通信最宝贵的资源

无线通信频率是非常有限的，而移动通信属于无线通信的范畴，在移动通信中，基站与移动台之间占用无线频率实现通信，由于移动台的发射功率、天线等因素限制，移动通信能使用的通信频段范围有限，能用于陆地移动通信的频段就更少了，随着移动通信的飞速发展，特别是用户数量的快速增长，都使有限的频率资源显得越来越珍贵。目前，常见的频段有800 MHz、900 MHz、1 800 MHz、2 600 MHz 等。

（四）在强干扰条件下工作

在移动通信中，同时通信者成千上万，他们之间会产生许多干扰信号，还有各种工业干扰、人为干扰、天气变化产生的干扰以及同频电台之间的干扰等，归纳起来主要有互调干扰、邻道干扰、同频干扰、码间干扰等，这些干扰将严重影响通信的质量。这就要求移动通信系统具有强抗干扰和抗噪声能力。

（五）移动通信组网技术复杂

现代移动通信系统采用蜂窝式结构进行无线组网，移动台在服务区域内任意移动，要实现可靠的呼叫与通信，必须具有位置登记、信道分配、信道切换和漫游等跟踪交换技术。因此，移动通信系统要比一般的市内电话系统复杂得多，设备造价也要高得多。

（六）移动台的性能要求高

由于移动台是用户随身携带的通信终端，因此要求具有适应移动的特点：性能好、体积小、重量轻、抗震动、操作使用简便、防水、成本低等。

任务二　移动通信的通信过程

【技能目标】

（1）能准确描述通信的信息收发过程。

（2）能准确描述语音呼叫的过程。

（3）能准确描述数据连接的过程。

【素质目标】

（1）培养学生善于分析解决问题的职业素质。

（2）培养学生努力学习、细心踏实的职业习惯。

一、移动通信的信息收发过程

移动通信的信息收发主要由发射部分、移动信道、接收部分三部分组成，通常把完成发送功能的物理设备称为发射机，把完成接收功能的物理设备称为接收机，具体处理过程如图1-1所示。

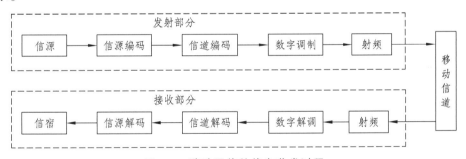

图 1-1　移动通信的信息收发过程

（一）移动信道

移动信道属于无线信道，对信息的传输方式为采用电磁波在空间进行传播。

（二）信源与信宿

信源是信息的发送者，主要有语音、图像、视频和数据等信息。信宿是信息的接收者，是通过一系列的接收处理之后，获得信源发送的信息。

（三）信源编码与信源解码

信源编码的主要作用是将信源送出的模拟信号取样、量化、编码，并对编码后的信号去掉冗余信息，以达到压缩信源信息率，降低信号的传输速率、缩小信号带宽，从而提高通信的有效性。常用的信源编码方法有波形编码、声源编码和混合编码三种。

波形编码技术是以能再现原始语音波形为目的的编码技术。当编码速率在 16～64 kb/s 范围内时，可获得较好的话音质量，在 64 kb/s 以上时可以无失真地再现原话音波形，但编码速率在 16 kb/s 以下时，将使话音质量迅速下降。

声源编码技术是以发生机制的模型为基础的，如线性预测编码 LPC 等，它可以在低于 16 kb/s 以下的情况下获得较好的话音质量。

混合编码是以波形编码技术和声源编码技术结合在一起的混合编码技术。它兼有波形编码和声源编码的优点，在 8～16kb/s 范围内，具有良好的话音质量

信源解码是信源编码的逆过程，此处不再详细介绍。

（四）信道编码与信道解码

信道编码主要包括纠错编码和交织技术，主要目的是提高通信的可靠性。纠错编码的作用是通过对信源编码的数据增加一些冗余数据对信源编码的数据进行监督，以使在接收时能从接收的数据中检出由于传送过程中引起的差错从而进行纠正。交织技术的作用是通过将纠错编码后的数据分散，对付在传输过程中产生的各种连续干扰。

信道解码是信道编码的逆过程，此处不再详细介绍。

（五）数字调制与解调

数字调制的主要作用：一是为了使传送信息的基带信号搬移至相应频段的信道上进行传输，以解决信源信号通过天线转化为电磁波发送到自由空间的问题；二是为了进一步提高通信的有效性和可靠性。数字调制在实现时可分两步：先是将含有信息的基带信号载荷调制至某一载波上，再通过上变频搬移至适合某信道传输的射频段。上述两步亦可一步完成。

数字解调是数字调制的逆过程，此处不再详细介绍。

二、移动通信的业务过程

语音业务和数据业务是移动通信的主要业务，本书以手机与固定电话之间建立语音通话为例，对语音呼叫过程进行介绍，数据业务以 CDMA2000 网络为例，对数据连接过程进行介绍，语音呼叫过程和数据连接过程中涉及的网元在项目五和项目六会进行详细介绍。

（一）语音呼叫过程

移动通信的语音呼叫过程如图 1-2 所示。

① 手机通过 BTS 向 MSC 发起呼叫请求。

② MSC 到 HLR 中获取用户数据，手机用户鉴权通过。

③ MSC 进行被叫号码分析，建立到 PSTN 的固定电话的链路。

④ MSC 向 BSC 发送指配请求，同时建立 A 口电路。

⑤ BSC 分配无线资源，请 BTS 建立 Abis 接口连接和空口信道。

⑥ BSC 请手机建立空口信道。

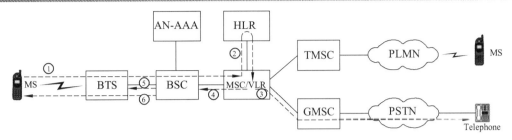

图 1-2 移动通信的语音呼叫过程

（二）数据连接过程

移动通信的数据呼叫过程如图 1-3 所示。

① 手机发起数据呼叫请求。

② MSC 到 HLR 中获取用户数据，手机用户鉴权通过。

③ MSC 向 BSC 发指配请求。

④ BSC 分配无线资源，请 BTS 建立 Abis 接口连接和空口信道。

⑤ BSC 请 MS 建立空口信道。

⑥ BSC 向 PCF 和 PDSN 发起 A8 和 A10 接口连接建立请求。

⑦ 建立 A10 接口连接。

⑧ 建立 A8 接口连接。

⑨ 验证用户名信息。

⑩ 验证通过，PDSN 给手机分配 IP 地址。

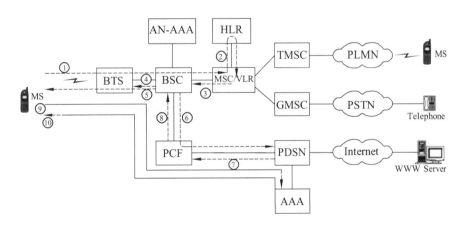

图 1-3 移动通信的数据呼叫过程

任务三 移动通信的工作方式

【技能目标】

（1）能界定通信的工作方式。

（2）能区分频分双工和时分双工。

【素质目标】

（1）培养学生善于分析解决问题的职业素质。

（2）培养学生努力学习、细心踏实的职业习惯。

按照通话的状态和频率使用的方法，移动通信可分为单工通信方式、半双工通信方式和双工通信方式三种。

一、单工通信方式

所谓单工通信，是指通信双方交替进行收信和发信的通信方式，即发送时不接收，接收时不发送。单工通信常用于点到点的通信。根据收发频率的异同，单工通信可分为同频单工和异频单工两种。

（一）同频单工

同频单工是指通信的双方在相同频率f_1上由收/发信机轮流工作。通话的操作采用"按一讲"方式，如图1-4所示。平时，双方的接收机均处于守听状态，如果A方需要发话，可按压"按一讲"开关，关掉自己的接收机，使其发射机工作，这时由于B方接收机处于守听状态，即可实现由A至B的通话；同理，也可实现由B至A的通话。在该方式中，同一部电台（如A方）的收发信机是交替工作的，故收发信机可使用同一副天线，而不需要使用天线共用器。

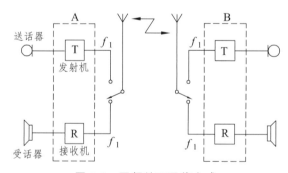

图1-4　同频单工通信方式

（二）异频单工

异频单工是指通信的双方的收/发信机轮流工作，且工作在两个不同的频率f_1和f_2上。而操作仍采用"按一讲"方式，如图1-5所示。在移动通信中，基地站和移动台收、发使用两个频率实现双向通信，这两个频率通常称为一个信道。若基地站设置多部发射机和多部接收机且同时工作，则可将接收机设在某一频率上，而将发射机设置在另一频率上，只要这两个频率有足够频差（或者称频距），借助于滤波器等选频器件就能排除发射机对接收机的干扰。

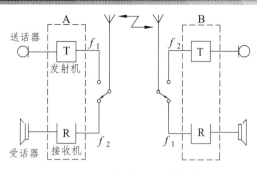

图 1-5 异频单工通信方式

二、半双工通信方式

半双工通信方式是指通信的双方有一方（如 A 方）使用双工方式，即收发信机同时工作，且使用两个不同的频率 f_1 和 f_2；而另一方（如 B 方）则采用双频单工方式，即收发信机交替工作，如图 1-6 所示。平时，B 方是处于守听状态，仅在发话时才按压"按一讲"开关，切断收信机使发信机工作。其优点是：设备简单、功耗小，克服了通话断断续续的现象，但操作仍不太方便。所以半双工通信方式主要用于专业移动通信系统中，如汽车调度等。

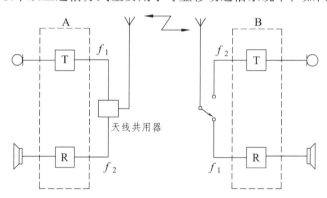

图 1-6 半双工通信方式

三、双工通信方式

双工通信方式指通信的双方收发信机均同时工作，即任一方在发话的同时，也能收听到对方的话音，无须"按一讲"开关，与普通市内电话的使用情况类似，操作方便，如图 1-7 所示。但是采用这种方式，在使用过程中，不管是否发话，发射机总是工作的，故电能消耗大。这一点对以电池为能源的移动台是很不利的。为此，在某些系统中，移动台的发射机仅在发话时才工作，而移动台接收机总是工作的，通常称这种系统为准双工系统，它可以和双工系统相兼容。目前，这种工作方式在移动通信系统中获得了广泛的应用。

移动通信的双工通信方式又可分为频分双工 FDD 和时分双工 TDD 两种工作方式。频分双工的移动通信系统上行链路和下行链路通过使用不同的频率来区分信道，常见的频分双工通信系统主要有 GSM、IS-95、WCDMA、CDMA2000、LTE FDD 等网络。时分双工的移动通信系统上行链路和下行链路通过相同频率的不同时隙来区分信道，常见的时分双工通信系统主要有 TD-SCDMA 和 TD-LTE 网络。

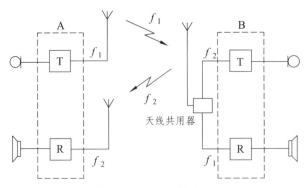

图 1-7　双工通信方式

任务四　移动通信的频率分配

【技能目标】

能分清各大运营商网络的工作频段。

【素质目标】

（1）培养学生勇于创新、善于探索的职业精神。

（2）培养学生善于查阅专业文献的职业习惯。

在移动通信系统中，用户的信息需要经过信源编码、信道编码和射频调制之后，将信息转换成电磁波，才能发送到空中的无线信道中进行传播，电磁波就是承载移动用户信息的信号。为了区分不同网络、不同用户的信号，就需要通过频率、时隙和码来进行区分，本任务主要介绍不同制式移动通信网络的频率划分情况。

目前，中国移动、中国电信、中国联通三家运营商均采用 2G/3G/4G 混合组网，频率资源较为丰富，可供选择的频率也较多，下面就各大运营商的频段划分及使用情况分别进行总结说明。

一、中国移动的频段划分

中国移动的频段划分见表 1.1，其中 EGSM900 的频段与中国铁通 GSM-R 的频段 885～889 MHz/930～934 MHz 有冲突，有专门的协调机制。

表 1.1　中国移动的频段划分

制式	频段宽度/MHz	上行频段/MHz	下行频段/MHz	系统（信道）带宽/MHz
GSM900	19	890～909	935～954	0.2
EGSM900	5	885～890	930～935	0.2

续表

制式	频段宽度/MHz	上行频段/MHz	下行频段/MHz	系统（信道）带宽/MHz
GSM1800	25	1 710～1 735	1 805～1 830	0.2
TD-SCDMA	20＋15	1 880～1 900 和 2 010～2 025		1.6
TD-LTE	130	1 880～1 900、2 320～2 370 和 2 575～2 635		1.4、3、5、10、15、20

二、中国电信的频段划分

中国电信的频段划分见表 1.2，目前 CDMA800 正在争取 821～825 MHz/866～870 MHz 频段。

表 1.2 中国电信的频段划分

制式	频段宽度/MHz	上行频段/MHz	下行频段/MHz	系统（信道）带宽/MHz
CDMA800	15	825～840	870～885	1.25
LTE FDD	15	1 765～1 780	1 860～1 875	1.4、3、5、10、15、20
TD-LTE	40	2 370～2 390 和 2 635～2 655		1.4、3、5、10、15、20

三、中国联通的频段划分

中国联通的频段划分见表 1.3，其中 GSM1800 的频段将来可能会全部给 LTE FDD 使用，只保留 GSM900 用于语音通话。

表 1.3 中国联通的频段划分

制式	频段宽度/MHz	上行频段/MHz	下行频段/MHz	系统（信道）带宽/MHz
GSM900	6	909～915	954～960	0.2
GSM1800	20	1 735～1 755	1 830～1 850	0.2
WCDMA	15	1 940～1 955	2 130～2 145	5
LTE FDD	15	1 750～1 765	1 845～1 860	1.4、3、5、10、15、20
TD-LTE	40	2 300～2 320 和 2 555～2 575		1.4、3、5、10、15、20

任务五 移动通信的发展

【技能目标】

（1）能紧跟移动通信的发展趋势。

（2）熟悉产业链中的各大企业相关情况。

【素质目标】

（1）培养学生善于分析解决问题的职业素质。

（2）培养学生团队协作意识和技术沟通的职业能力。

移动通信已成为人们工作与生活的重要组成部分。随着计算机和通信技术的发展，移动通信技术的发展在不到 100 年的时间中取得巨大的进步，成为国民经济发展的支柱产业，令人惊叹。

一、移动通信技术的发展

（一）早期移动通信技术发展

传统的移动通信技术发展从 20 世纪 20 年代初开始至 20 世纪 70 年代中期，分为三个阶段，其特点见表 1.4。

表 1.4　早期移动通信技术发展过程

时　期	阶　段	特　点
20 世纪 20 年代至 40 年代	移动通信的起步阶段	专用网，工作频率较低
20 世纪 40 年代至 60 年代初期	专用移动网向公用移动网络过渡阶段	实现人工交换与公众电话网的连接，大区制，网络容量较小
20 世纪 60 年代至 70 年代中期	移动通信系统改进与完善阶段	采用大区制、中小容量，使用 450 MHz 频段，实现了自动选频与自动接续。出现了频率合成器，信道间隔缩小、数目增加，系统容量增大

（二）现代移动通信技术的发展

现代移动通信技术发展始于 20 世纪 70 年代末，开始对移动通信技术体制进行重新论证，出现了蜂窝式移动通信技术，并获得了快速发展。其发展过程可归纳为四个系统阶段：第一代模拟蜂窝移动通信系统阶段；第二代数字蜂窝移动通信系统阶段；第三代数字蜂窝移动通信系统阶段；第四代数字蜂窝移动通信系统阶段。

1. 第一代模拟蜂窝移动通信系统（1G）

20 世纪 70 年代发展起来的模拟蜂窝移动电话系统，人们把它称为第一代移动通信系统，这是一种以微型计算机和移动通信相结合，采用频率复用、多信道共用技术和全自动接入公共电话网的大区制、小容量蜂窝式移动通信系统，在美国、日本和瑞典等国家先后投入使用。其主要技术是模拟调频、频分多址，主要业务是语音通话。第一代模拟蜂窝移动通信系统的主要代表有：

AMPS（Advanced Mobile Phone Service）系统称为先进的移动电话系统，由美国贝尔实验室研制并投入使用。

TACS（Total Access Communications System）系统称为全向接续通信系统，是由英国研制并投入使用，属于 AMPS 系统的改进型。

NMT（Nordic Mobile Telephone）系统称为北欧移动电话，该系统由丹麦、芬兰、挪威、瑞典等研制并投入使用。

模拟系统的主要特点为：频谱利用率低，容量有限，系统扩容困难；制式太多，互不兼容，不利于用户实现国际漫游，限制了用户覆盖面；不能与 ISDN 兼容，提供的业务种类受限制，不能传输数据信息；保密性差等。基于这些原因，诞生了数字化的移动通信系统。

2. 第二代数字蜂窝移动通信系统（2G）

第二代移动通信系统以数字信号传输、时分多址（TDMA）、码分多址（CDMA）为主体技术，频谱效率提高，系统容量增大，易于实现数字保密，通信设备的小型化、智能化，标准化程度大大提高。第二代移动通信系统制定了更加完善的呼叫处理和网络管理功能，克服了第一代移动通信系统的不足之处，可与窄带综合业务数字网相兼容，除了传送语音外，还可以传送数据业务，如传真和分组的数据业务等。

1）时分多址（TDMA）数字蜂窝移动通信系统

为了克服第一代模拟蜂窝移动通信系统的局限性，北美、欧洲和日本自 20 世纪 80 年代中期起相继开发了第二代数字蜂窝移动通信系统。各国根据自己的技术条件和特点确定了各自开发目标和任务，制定了各自不同的标准，例如欧洲的全球移动通信系统 GSM，北美的 D-AMPS 和日本的个人数字蜂窝系统 PDC。由于各国采用的制式不同，所以网络不能相互兼容，从而限制了国际联网和漫游的范围。

2）码分多址（CDMA）数字蜂窝移动通信系统

CDMA 蜂窝移动通信系统自问世以来发展非常迅速，已成功地应用于第二代和第三代移动通信系统中，其优势已成为人们的共识。

1992 年，Qualcomm（高通）公司向 CTIA 提出了码分多址的数字移动通信系统的建议和标准，该建议于 1993 年 7 月被 CTIA 和 TIA 采纳为北美数字蜂窝标准，定名为 IS-95。IS-95 的载波频带宽度为 1.25 MHz，信道承载能力有限，仅能支持声码器话音和话带内的数据传输，被人们称为窄带码分多址（N-CDMA）蜂窝移动通信系统。IS-95 兼容 AMPS 模拟制式的双模标准。1996 年，CDMA 系统投入运营。

3. 第三代数字蜂窝移动通信系统（3G）

随着信息技术与社会的高速发展，语音、数据及图像相结合的多媒体业务和高速率数据业务量大大增加。国际电信联盟（ITU）于 1985 年提出了的第三代移动通信方式，当时的命名为未来公众陆地移动通信系统（FPLMTS，Future Public Land Mobile Telecommunication System），又于 1996 年正式将第三代移动通信命名为 IMT-2000（International Mobile Telecommunication-2000），简称 3G。

第三代移动通信系统（IMT-2000）为国际移动通信，工作在 2 000 MHz 频段，最高业务速率可达 2 000 kb/s，在 2000 年左右得到商用，是多功能、多业务和多用途的数字移动通信系统，在全球范围内覆盖和使用。ITU 规定，第三代移动通信无线传输技术的最低要求中，速率必须满足以下要求：快速移动环境，最高速率应达到 144 kb/s；步行环境，最高速率应达到 384 kb/s；室内静止环境最高速率应达到 2 Mb/s。

第三代移动通信系统（IMT-2000）主流制式有 WCDMA、CDMA2000、TD-SCDMA 和 WiMAX 四大标准。其中，WCDMA（Wideband CDMA）是基于 GSM 网发展出来的 3G 技术规范，是欧洲提出的宽带 CDMA 技术；CDMA2000 是由窄带 CDMA（CDMA IS-95）技术发展而来的宽带 CDMA 技术，是以北美为主体提出的 3G 标准；TD-SCDMA（Time Division-Synchronous CDMA，

时分同步 CDMA），该标准是由中国独自制定的 3G 标准；WiMAX 是继 WCDMA、CDMA2000
和 TD-SCDMA 之后于 2007 年 10 月被 ITU 通过的第四个全球 3G 标准。

4. 第四代数字蜂窝移动通信系统（4G）

第四代数字蜂窝移动通信系统是宽带大容量的高速蜂窝系统，支持 100～150 Mb/s 下行
网络带宽，提供交互多媒体、高质量影像、3D 动画和宽带互联网接入等业务，用户体验最大
能达到 20 Mb/s 下行速率。

LTE：长期演进（Long Term Evolution，LTE）是 3GPP 组织主导的新一代无线通信系统，
也称为演进的 UTRAN（Evolved UTRA and UTRAN）研究项目，全面支撑高性能数据业务，
被称"未来 10 年或者更长时间内保持竞争力"。3GPP 的 LTE 标准在无线接入侧分为 LTE FDD
和 TD-LTE。

（三）未来移动通信系统的发展

在全球业界的共同努力下，5G 愿景与关键能力需求已基本明确， 2016 年启动国际标准
制定工作。5G 的愿景将支持三类目标场景，即增强移动宽带 eMBB、海量低功耗连接 mMTC
和低时延高可靠连接 uMTC。5G 的性能对于用户体验速率要求达到 0.1～1 Gb/s，连接数密
度为 100 万/km²，时延小于 1 ms，移动性可满足 500 km/h 的时速，峰值速率可达每秒数十吉
比特，流量密度每平方公里每秒达数十太比特，未来的移动通信系统将真正实现"万物互联"。

二、移动通信产业链的发展

移动通信服务的运营离不开移动通信产业的各类参与者，移动通信产业的各类参与者涉
及到技术、施工、运营、市场和产品服务等各个方面。各类参与者之间的协作关系构成了移
动通信产业链，如图 1-8 所示。用户的多样化需求对整个产业链的导向作用越发明显，运营
商从早期的单一业务向全业务发展，且数据业务逐步成为移动通信业务的主流。

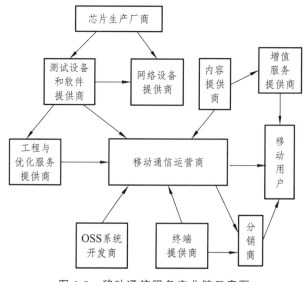

图 1-8　移动通信服务产业链示意图

（一）移动通信运营商

运营商是产业链的核心，工程建设中经常指甲方。在国际移动通信运营商中，规模较大、影响力较强的包括沃达丰（Vodafone）、T-Mobile、Verizon、日本的 NIT DoCoMo、韩国的 SKT 等。

我国移动通信行业于 2009 年经过重组之后，移动通信运营商有三家：中国移动（GSM 网络、TD-SCDMA 网络、TD-LTE 网络）、中国联通（GSM 网络、WCDMA 网络、LTE FDD 网络）、中国电信（IS-95 CDMA 网络、CDMA2000 1X EV-DO 网络、LTE FDD 网络）。

（二）网络设备提供商

网络设备提供商是指为移动运营商提供通信网络设备的生产商，在这个领域的公司包括华为、中兴、大唐、烽火、阿尔卡特-朗讯、诺基亚-西门子等。这些公司主要生产无线网、核心网及传输网等通信设备。我国 1G 和 2G 的移动通信设备主要靠国外引进，3G 和 4G 移动通信设备的生产，中兴、华为占了比较大的市场份额。

（三）工程和优化服务提供商

工程和优化服务提供商可以分成工程服务和优化服务，但是部分公司往往同时从事这两者的工程工作。

工程服务包括基站和机房的建设、室内分布系统的建设等，一般的工程公司都和运营商保持密切的合作关系。

网络优化服务是一块很大的市场，在国外，运营商的网络维护、优化和管理往往是外包的；但国内运营商因为重视网络质量，所以经常由自己负责。网络优化服务的另外一个市场是直放站、塔顶放大器、干线放大器等无线辅助设备的生产、销售和工程安装。

（四）测试设备和软件提供商

测试设备和软件提供商主要生产专业的测试设备、测试软件、网络规划软件、优化软件等，为运营商、网络设备商、工程和优化服务商提供产品。生产测试设备的佼佼者包括安捷伦、思博伦、泰克、安立等；开发网络规划软件有 Aircom、ATOLL 等公司，其他主要的网络设备商一般也推出自己开发的网络规划软件，目前比较知名的有 Actix 等公司。

（五）芯片生产商

芯片生产商为各网络设备商和专业设备商生产芯片，这个领域比较著名的厂商有高通（QUALCOMM）公司。

（六）OSS 系统开发商

OSS 全称是业务运营支撑系统（Operational Support System）。各大电信运营商都建设有自己的 OSS 系统，例如中国移动的 BOSS（业务运营支撑系统）、中国联通的综合营账系统、中国电信的 MBOSS（管理/运营支撑系统）等。OSS 系统主要为运营商完成联机采集、计费、结算、业务、综合账务、客服、系统管理等功能。

OSS系统开发商的角色就是为电信运营商开发这些软件系统，他们实际上从事的工作与系统集成商和软件开发商有些接近。这些厂家对员工的素质要求更接近软件企业，但同时也要求员工能够对移动通信有所了解。业内比较知名的公司包括亚信（Asianinfo）、神州数码、亿阳信通、创智、联创等，还有IBM、微软、CA、惠普等著名软件公司。

（七）终端提供商

终端提供商包括生产手机和数据卡的厂商，他们可以直接面向用户。这个领域的巨头主要有华为、苹果、三星、中兴、小米等，目前国内一些企业生产的终端逐步获得市场认可。

（八）分销商

分销商是直接面向用户销售手机和手机延伸产品的经营者。

（九）增值业务提供商（SP）和内容提供商（CP）

电信业务分为基础业务和增值业务，基础业务指的是基本的通话业务，最早的电信运营商提供的也就是通话业务。随着移动通信业务的发展，各种增值业务逐步走上舞台。在这个产业链上，SP扮演的角色是面向运营商和用户，建设业务平台，为用户提供内容；而CP扮演的角色是为SP提供内容。

在国外，SP的生存空间比较小，运营商一般都和CP直接合作。我国三大移动运营商也都推出了各自的SP运营模式。

过关训练

一、单选题

1. 以下哪种双工方式不是TD-LTE所采用的？（　　）

A. TDD　　　　　B. FDD　　　　　C. H-FDD　　　　　D. H-TDD

2. 对模拟信号进行取样、量化、编码，是由（　　）完成的。

A. 信源编码　　　B. 信源解码　　　C. 信道编码

D. 信道解码　　　E. 数字调制

3. 交织技术属于什么编码？（　　）

A. 信源编码　　　B. 信源解码　　　C. 信道编码

D. 信道解码　　　E. 数字调制

4. 中国移动的TD-LTE频段宽度分配了多少？（　　）

A. 5 M　　　　　B. 15 M　　　　　C. 20 M　　　　　D. 130 M

5. 中国电信的LTE FDD工作频段为（　　）

A. 1 710～1 735/1 805～1 830　　　　B. 1 765～1 780/1 860～1 875

C. 1 750～1 765/1 845～1 860　　　　D. 1 735～1 755/1 830～1 850

二、多选题

1. 移动通信具有哪些特点？（ 　　 ）

A. 采用无线传输方式 　　　　　　　B. 电波传播环境复杂

C. 频率是移动通信最宝贵的资源 　　D. 在强干扰条件下工作

E. 移动通信组网技术复杂 　　　　　F. 移动台的性能要求高

2. 移动通信的信息收发主要由哪几部分组成？（ 　　 ）

A. 发射部分 　　B. 移动信道 　　C. 传输部分 　　D. 接收部分

3. 常用的信源编码方法有（ 　　 ）。

A. 波形编码 　　B. 声源编码 　　C. 随机编码 　　D. 混合编码

4. 移动通信可分为的工作方式有哪几种？（ 　　 ）

A. 单工通信方式 　　　　　B. 半双工通信方式 　　　　　C. 双工通信方式

5. 下列哪些属于 2G 系统？（ 　　 ）

A. GSM 　　　　B. WCDMA 　　　　C. CDMA 　　　　D. LTE

三、判断题

1. 移动通信是指在通信中必须双方处于移动状态的通信方式。（ 　 ）

2. LTE 支持 FDD、TDD 两种双工方式。（ 　 ）

3. 移动信道属于无线信道，对信息的传输采用电磁波在空间进行传播。（ 　 ）

4. 数字解调实现基带信号搬移至相应频段的信道上进行传输。（ 　 ）

5. AMPS 属于数字移动通信系统。（ 　 ）

四、简答题

1. 请简要说明手机与固定电话之间建立语音通话时的语音呼叫过程。

2. 请简要说明 CDMA2000 网络的数据连接过程。

3. 5G 的愿景将支持哪三类目标场景？

项目二　移动通信基础技术

【问题引入】

移动通信系统的任务就是将信源产生的信息通过无线信道有效可靠地传送到接收端，因此移动通信的实现具备许多关键技术。如何具体将传输的原始信息进行基带变换处理？将基带信号进行射频变换处理？移动通信采用了哪些多址方式？功率控制技术、分集技术和均衡技术又在对抗干扰时起到了哪些作用？这些都是本项目需要涉及与解决的问题。

【内容简介】

本项目介绍移动通信中语音编码技术、信道编码技术和交织技术、各类数字调制技术、扩频技术、多址技术、功率控制技术、分集技术、均衡技术。其中各类技术的实现及分类是本项目的重点内容。

【项目要求】

识记：语音编码、信道编码、交织技术、调制技术、扩频技术、多址技术、功率控制技术、分集技术、均衡技术的概念及分类。

领会：语音编码、信道编码、交织技术、调制技术、扩频技术、多址技术、功率控制技术、分集技术、均衡技术的实现。

应用：语音编码、信道编码、交织技术、调制技术、扩频技术、多址技术、功率控制技术、分集技术、均衡技术在移动通信中的应用。

任务一　编码技术

【技能目标】

（1）能进行信源编码应用处理。

（2）能进行信道编码应用处理。

（3）能实现交织编码过程。

【素质目标】

（1）培养学生勇于创新、善于探索的职业精神。

（2）培养学生善于查阅专业文献的职业习惯。

移动通信系统的任务就是将由信源产生的信息通过无线信道有效、可靠地传送到目的地。移动通信的编码技术包括信源编码和信道编码两大部分。

信源编码是为了提高信息传输的有效性，对信源信号进行压缩，实现模数（A/D）变换，即将模拟的信源信号转化成适于在信道中传输的数字信号形式的过程。

信道编码（差错控制编码）是为了提高信息传输的可靠性，即是在信息码中增加一定数量的多余码元（称为监督码元），使它们满足一定的约束关系，一旦传输过程中发生错误，则信息码元和监督码元间的约束关系被破坏，从而达到发现和纠正错误的目的。

一、语音编码技术

在移动通信系统中，信源有语音、图像（如可视移动电话）或离散数据（如短信息服务）之分。这里主要介绍语音编码及应用。

（一）语音编码技术

1. 语音编码的意义
语音编码就是实现语音信号的模数（A/D）变换，即将模拟的语音信号转换成数字的语音信号，用于减少信源冗余，解除语音信源的相关性，压缩语音编码的码速率，提高信源的有效性。

2. 语音编码的方式
各种语音编码方式在信号压缩方法上是有区别的，根据信号压缩方式的不同，通常将语音编码分为以下三种：

（1）波形编码：波形编码是将语音模拟信号经过取样、量化、编码而形成数字话音信号的过程。波形编码属于一种高速率（16～64 kb/s）、高质量的编码方式。典型的波形编码有脉冲编码调制，如图 2-1 所示。

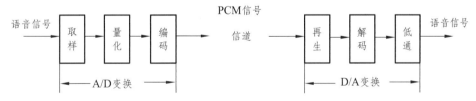

图 2-1　脉冲编码调制（PCM）及解调示意图

（2）参量编码：又称为声源编码，它利用人类的发声机制，对语音信号的特征参数进行提取，再进行编码，如图 2-2 所示。参量编码是一种低速率（在 1.2～4.8 kb/s）、低质量的编码方式。

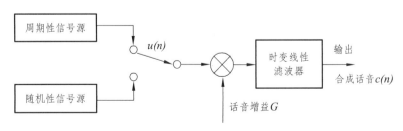

图 2-2　参量编码示意图

（3）混合编码：混合编码是吸取波形编码和参量编码的优点，以参量编码为基础并附加一定的波形编码特征，以实现在可懂度基础上适当改善自然度目的的编码方法。混合编码是一种较低速率（在 4 ~ 16 kb/s）、较好质量的编码方式。

3. 移动通信对语音编码的要求

（1）编码速率要适合在移动信道内传输，纯编码速率应低于 16 kb/s。

（2）在一定编码速率下语音质量应尽可能高，即解码后的复原语音的保真度要高，平均评定评分（MOS，Mean Opinion Score）应不低于 3.5 分（按长途语音质量要求）。

（3）编解码时延要短，总时延不得超过 65 ms。

（4）要能适应衰落信道的传输，即抗误码性能要好，以保持较好的语音质量。

（5）算法的复杂程度要适中，应易于大规模电路的集成。

4. 语音编码质量的评定

在语音编码技术中，对语音质量的评价归纳起来大致可分为客观评定方法和主观评定方法。目前主要采用主观评定方法依靠试听者对语音质量的主观感觉来评价语音质量。由 CCITT 建议采用的平均评价得分（MOS）采用五级评分标准：

5 分（第 5 级），Excellent 表示质量完美；

4 分（第 4 级），Good 表示高质量；

3 分（第 3 级），Fair 表示质量尚可（及格）；

2 分（第 2 级），Poor 表示质量差（不及格）；

1 分（第 1 级），Bad 表示质量完全不能接受。

在 5 级主观评测标准中，MOS 达到 4 级以上就可以进入公共骨干网，达到 3.5 级以上可以基本进入移动通信网。

（二）语音编码方式的应用

1.2G 移动通信语音编码方式

1）GSM 系统的语音编码

GSM 系统采用规则脉冲激励长期预测（RPE-LTP）编码方式，属于混合编码方式，其纯码速率为 13 kb/s，语音质量 MOS 得分可达 4.0。RPE-LTP 编码实现过程如图 2-3 所示。

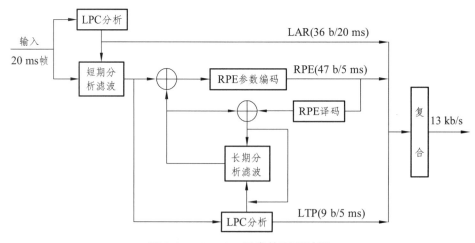

图 2-3   RPE-LTP 话音编码器过程

编码器工作的周期为 20 ms，语音信号抽样频率为 8 000 Hz，产生样本 160 个；通过线性预测编码（LPC）分析：由一个 8 抽头横向滤波器实现，对 20 ms 话音帧进行分析，根据输入语音信号与预测信号误差最小的原则求得线性预测滤波器的系数，再将系数转换产生 36 bit/20 ms 特征数据输出。通过长时预测（LTP）分析：完成对长期分析滤波器的修正值（5 ms 子帧一次），利用残差信号的相关性使对输出信号之估值得到优化。输出反映时延和增益变化的参数 LTP（96 bit/5 ms），共计 36 bit/20 ms 的重要数据。通过规则脉冲激励编码（RPE）分析:用短时残差估值去选择位置和幅度都优化了的脉冲序列来代替短时残差信号，并将所选的 RPE 脉冲序列作为激励信号，产生相应的编码参数 RPE（188 bit/20 ms）输出。再通过复用器完成语音信号的编码合并，获得 260 bit/20 ms（即 13 kbit/s）的话音编码输出信号。

2）IS-95CDMA 系统的语音编码

IS-95 系统的语音编码方式采用 QCELP 声码器。该方案是可变速率的混合编码器，是基于线性预测编码的改进型——码激励线性预测，即采用码激励的矢量码表替代简单的浊音的准周期脉冲产生器。QCELP 利用语音激活检测（VAD）技术，可采用可变速率编码。在语音激活期内，可根据不同的信噪比分别选择 4 种速率：9.6 kb/s、4.8 kb/s、2.4 kb/s 和 1.2 kb/s。

QCELP 语音编译码过程如图 2-4 所示。

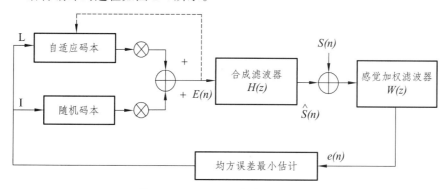

图 2-4   QCELP 语音编译码过程

与 LPC 模型类似，CELP 模型中也有激励信号和滤波器，但它的激励信号不再是 LPC 模型中的二元激励信号。

在常见的 CELP 模型中，激励信号来自两个方面：自适应码本（又称长时基音预测器）和随机码本。自适应码本被用来描述语音信号的周期性（基音信息）。固定的随机码本则被用来逼近话音信号经过短时和长时预测的先行预测矢量信号。从自适应码本和随即码本中搜索出的最佳激励矢量乘以各自的最佳增益后相加，便可得到激励信号 $E(n)$。它一方面被用来更新自适应码本，另一方面则被输入到合成滤波器 $H(z)$ 用以合成语音 $S(n)$。$S(n)$ 和质量好的语音 $S(n)$ 的误差通过感觉加权滤波器 $W(z)$，可得到感觉加权误差信号 $e(n)$。使 $e(n)$ 均方误差为最小的激励矢量就是最佳的激励矢量。

CELP 的解码过程已经包含在编码过程中。在解码中，根据编码传输过来的信息从自适码本中找出最佳码矢量，分别乘以各自的最佳增益并相加，可以得到激励信号 $E(n)$，将 $E(n)$ 输入到合成滤波器 $H(z)$，边可得到合成语音 $S(n)$。可以看出，搜索最佳激励矢量是通过综合分析重建话音信号进行的。这种通过综合分析语音编码参数的优化方法称为综合分析法，即 A-B-S 方法，采用这种方法明显提高了合成语音的质量，但也使编码运算量增加不少。固定码本采用不同的结构形式，就构成不同类型的 CELP。例如采用代数码本、多脉冲码本、矢量和码本的 CELP 分别称为 ACELP、MP-CELP 和 VCELP 编码。

2. 3G 移动通信语音编码方式

第三代移动通信系统有三种常见制式，分别为 CDMA2000、WCDMA、TD-SCDMA。其中 CDMA2000 系统的语音编码方式采用 EVRC（Enhanced Variable-Rate Codec）即增强型可变速率语音编码。全速率 9.6 kb/s，其对应每帧参数为 171 bit；半速率 4.8 kb/s，其对应每帧参数为 80 bit；速率 1.2 kb/s，其对应每帧参数为 16 bit，平均速率为 8 kb/s。WCDMA、TD-SCDMA 采用 AMR（Adaptive Multi-Rate，自适应多速率）语音编码，编码共有 8 种，速率为 12.2～4.75 kb/s。

二、信道编码与交织处理技术

在实际移动通信信道上传输数字信号时，由于信道传输特性的不理想及噪声的影响，所收到的数字信号不可避免地会发生错误。引入信道编码用来纠正随机独立差错，对传输信息实现再次保护。

（一）信道编码技术

1. 信道编码的意义

信道编码是在传输信息码元中加入的多余码元即监督（或校验）码元的过程，克服信道中的噪声和干扰造成的影响，保证通信系统的传输可靠性。

2. 信道编码的方式

信道编码的方式根据不同的分法有不同的编码方式，具体见表 2.1。

表 2.1　信道编码的方式

分 类		特 点	典型编码
按功能分	检错码	只能检测出差错	循环冗余校验 CRC 码、自动请求重传 ARQ 等
	纠错码	具有自动纠正差错功能	循环码中 BCH 码、RS 码、卷积码、级联码、Turbo 码等
	检纠错码	既能检错又能纠错	混合 ARQ，又称为 HARQ
按结构和规律分	线性码	监督关系方程是线性方程的信道编码	线性分组码、线性卷积码
	非线性码	监督关系方程不满足线性规律的信道编码	目前没有实用

3. 典型的信道编码

1）线性分组码

线性分组码一般是按照代数规律构造的，故又称为代数编码。线性分组码中的分组是指编码方法是按信息分组来进行的，而线性则是指编码规律即监督位（校验位）与信息位之间的关系遵从线性规律。线性分组码一般可记为 (n, k) 码，即 k 位信息码元为一个分组，编成 n 位码元长度的码组，而 $n\text{-}k$ 位为监督码元长度。

例：最简单的（7，3）线性分组码：

这种码信息码元以每3位一组进行编码，即输入编码器的信息位长度 $k=3$，完成编码后输出编码器的码组长度为 $n=7$，监督位长度 $n-k=7-3=4$，编码效率 $\eta=k/n=3/7$。

若输入信息为 $u=(u_1,u_2,u_3)$，输出码元记为 $c=(c_0,c_1,c_2,c_3,c_4,c_5,c_6)$，则其（7，3）线性分组码的编码方程为：

$$
\begin{cases}
信息位\begin{cases} c_0=u_0 \\ c_1=u_1 \\ c_2=u_2 \end{cases} \\
监督位\begin{cases} c_3=u_0 \oplus u_2 \\ c_4=u_0 \oplus u_1 \oplus u_2 \\ c_5=u_0 \oplus u_1 \\ c_6=u_1 \oplus u_2 \end{cases}
\end{cases}
\tag{2.1}
$$

由式 2.1 可知，输出的码组中，前三位码元就是信息位的简单重复，后四位码元是监督位，它是前 3 个信息位的线性组合构造而成的。

2）循环码

循环码是一种非常实用的线性分组码。目前一些主要的有应用价值的线性分组码均属于循环码。其主要特征是：循环推移不变性；对任意一个 n 次码多项式唯一确定。常用的循环码有：在每个信息码元分组 k 中，仅能纠正一个独立差错的汉明（Hamming）码；可以纠正多个独立差错的 BCH 码；仅可以纠正单个突发差错的 Fire 码；可纠正多个独立或突发差错的 RS 码。

3）卷积码

卷积码是将 k 个信息比特编成 n 个比特的码组，但 k 和 n 通常很小，特别适合以串行形式进行传输，时延小。与分组码不同，卷积码是一种有记忆编码，以编码规则遵从卷积运算而得名。卷积编的形式一般可记为（n,k,m）码。其中，k 表示每次输入编码器的位数；n 则为每次输出编码器的位数；m 则表示编码器中寄存器的节（个）数。正是因为每时刻编码器输出 n 位码元，这不仅与该时刻输入的 k 位码元有关，而且还与编码器中 m 级寄存器记忆的以前若干时刻输入的信息码元有关，所以称它为非分组的有记忆编码。

卷积码是在信息序列通过有限状态移位寄存器的过程中产生的。通常移位寄存器包含 N 级（每级 k 比特），并对应有基于生成多项式的 m 个线性代数方程。输入数据每次以 k 位（比特）移入移位寄存器，同时有 n 位（比特）数据作为已编码序列输出，编码效率为 $\eta=k/n$。参数 N 称为约束长度，它指明了当前的输出数据与多少输入数据有关，N 决定了编码的复杂度和能力大小。

卷积编码的实现是通过卷积编码器完成，卷积编码器的一般结构如图 2-5 所示。

卷积码的译码技术有很多种，而最重要的是维特比（Viterbi）算法，它是一种关于解卷积的最大似然译码法。这个算法是首先由 A.J.Viterbi 提出来的。卷积码在译码时的判决既可用软判决也可用硬判决实现，不过软判决比硬判决的特性要好 2 ~ 3 dB。

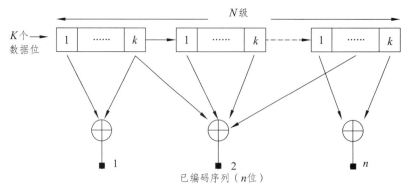

图 2-5　卷积编码器的一般结构

4）Turbo 码

Turbo 码又称并行级联卷积码，Turbo 是英文中的前缀，是指带有涡轮驱动；Turbo 码即有反复迭代的含义。它巧妙地将卷积码和随机交织器结合在一起，实现了随机编码的思想；同时，采用软输出迭代译码来逼近最大似然译码的性能。模拟结果表明，其抗误码性能十分优越。

Turbo 码的主要特性：通过编码器的巧妙构造，即多个子码通过交织器进行并行或串行级联，然后进行迭代译码，从而获得卓越的纠错性能；用短码去构造等效意义上的长码，以达到长码的纠错性能而减少译码复杂度。

典型的 Turbo 码编码器由交织器、开关单元以及复接器和两个相同的分量编码器组成，其结构如图 2-6 所示。

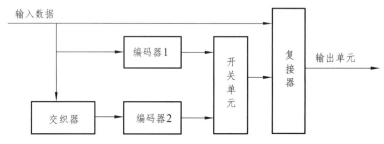

图 2-6　Turbo 码编码器的典型结构

Turbo 码被确定为第三代移动通信系统（IMT-2000）的信道编码方案之一。其中最具代表性的 3GPP 的 WCDMA、CDMA2000 和 TD-SCDMA 三个标准中的信道编码方案也都使用了 Turbo 码，用于高速率、高质量的通信业务。

5）ARQ 与 HARQ

ARQ（自动请求重传）是一类实现高可靠性传输的检错重传技术，传输可靠性只与接收端的错误检验能力有关，但需要提供反馈信道，它无须复杂的纠错设备，实现相对简单，有效性较低，同时传输的时延较大。在 3G 移动通信业务中，分组数据业务的迅速增长，对分组数据业务提出了更高要求，和语音业务比较存在差异：分组数据业务的误码有要求严格，对时延要求不严格，分组数据业务中大部分是非实时业务。对移动分组数据业务引入 ARQ 机制比较合适且可行。

HARQ（混合型 ARQ）技术是将 ARQ 和 FEC 两者结合起来，通过二者结合优势互补，增强信道的纠错能力。HARQ 分为第一类 HARQ 和第二类 HARQ。第一类 HARQ 是基于校验位的，不论信道状态如何，每次都发送同样纠错能力的完整码字，在信道状态较好时，校验部分对带宽是一种浪费；在信道状态差时，也许已有校验位又不够，因此第一类 HARQ 对信道的适应性不好。第二类 HARQ 是根据信道状态改变传输内容，而且只有当信道状态不太好时才会提供校验部分，它对信道具有一定的自适应特性。在需要发送校验部分时，首先尝试发送纠错能力较低的码，若错误超出其纠错能力，则重传时发送新的校验位信息，在接收端将该校验信息与先前接收的部分合成具有更强纠错能力的码。第二类 HARQ 适应无线环境条件较差的移动通信信道。

（二）交织处理技术

1. 交织处理的意义

交织处理是将数据流在时间上进行重新处理的过程。信号在实际移动通信环境下衰落时，通过交织处理将数字信号传输的突发性差错转换为随机错误，再用纠正随机差错的编码（FEC）技术消除随机差错，改善移动通信的传输特性。

2. 交织处理的实现

交织处理方式有块交织、帧交织、随机交织、混合交织等。这里仅介绍块交织实现的基本过程。假设输入序列为：$c_{11}c_{12}c_{13}\cdots c_{1n}c_{21}c_{22}c_{23}\cdots c_{2n}\cdots c_{m1}c_{m2}c_{m3}\cdots c_{mn}$。

（1）把输入信息分成 m 行，m 称为交织度，每行都有 n 个码元的分组码，称它为行码，并且每个行码都是具有 K 位信息和 t 位纠错能力的分组码 $\{n,k,t\}$，简记为 $\{n,k\}$，该分组码的冗余位为 $n-k$。

（2）将它们排列成如图 2-7 所示的阵列：

C_{11}	C_{12}	......	C_{1n}
C_{21}	C_{22}	......	C_{2n}
C_{31}	C_{32}	......	C_{3n}
......	......	......	......
C_{m1}	C_{m2}	......	C_{mn}

图 2-7 交织阵列示意图

（3）输出时，规定按列的顺序自左至右读出，这时的序列就变为：

$$c_{11}c_{21}c_{31}\cdots c_{m1}c_{12}c_{22}c_{32}\cdots c_{m2}\cdots c_{1n}c_{2n}c_{3n}\cdots c_{mn}$$

（4）在接收端，将上述过程逆向重复，即把收到的序列按列写入存储器，再按行读出，就恢复成原来的 m 行（n,k）分组码。

【例题】 设计一个 8×7 交织器以后，让 8 个（7，4）分组码经过交织器后输出到信道，进行传输。在信道传输的过程中，如果发生一个长度小于 8 bit 的突发差错，在接收端解交织以后，错误比特将分摊在多个码字上，每码字仅一个差错，在分组码的纠错范围以内，突发差错可以完全纠正过来。该交织器工作过程如图 2-8 所示。

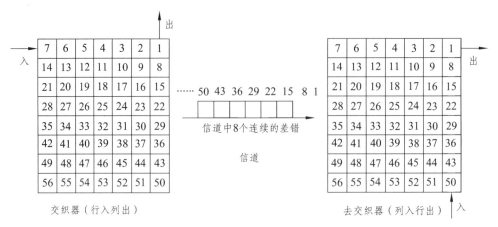

图 2-8　交织器的工作过程

（三）信道编码应用

信道编码、交织处理技术在 GSM、IS-95CDMA、第三代移动通信系统中都获得了广泛的应用。

1. GSM 系统的信道编码

为了保证信息准确地在信道中传输，话音编码器有两类输出比特，对话音质量有显著影响的"1 类"比特有 182 个，这 182 个比特连同 3 个奇偶校验比特和 4 个尾部比特共同经过一个 1/2 速率卷码保护处理，产生 378 个比特信息；另外有"2 类"比特 78 个，是不需要经过保护的比特组，最后这两类比特复合成 456 个比特，速率为 456/20 ms = 22.8 kb/s，最后采用交织技术分离由衰落引起的长突发错误，以改造突发信道为独立错误信道，过程如图 2-9 所示。

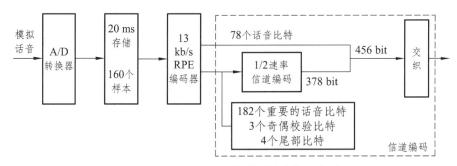

图 2-9　GSM 系统中信道的基本编码方式

2. IS-95CDMA 系统的信道编码

在 IS-95CDMA 系统中，分为上下行各种不同类型信道，信道的基本编码方案涉及三个方面：前向纠错码、符号重复和交织编码。信道的基本编码过程如图 2-10 所示，首先进行卷积编码实现前向纠错码（FEC），再进行符号重复统一至相同的符号速率，最后进行交织处理，完成信道编码处理环节。

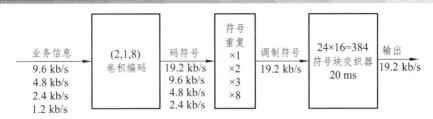

图 2-10 IS-95CDMA 系统中的信道编码过程

3. 3G 系统中的信道编码

3G 移动通信的三大主流技术同时采用了卷积码和 Turbo 码两种纠错编码。在高速率、对译码时延要求不高的辅助数据链路中，使用 Turbo 码以利用其优异的纠错性能；在语音和低速率、对译码时延要求比较苛刻的数据链路中使用卷积码，在其他逻辑信道如接入、控制、基本数据、辅助码信道中也都使用卷积码。

任务二 调制技术

【技能目标】

（1）能熟悉各类调制技术的处理过程。

（2）能确定各类移动通信系统应用的调制技术。

【素质目标】

（1）培养学生思维敏锐、善于沟通的职业精神。

（2）培养学生努力学习、细心踏实的职业习惯。

一、调制技术的概念

（一）调制技术的基本概念

调制技术，就是把基带信号变换成适合信道传输的技术，利用基带信号控制高频载波的参数（振幅、频率和相位），使这些参数随基带信号变化的过程。基带信号是原始的电信号，一般是指基本的信号波形，在数字通信中则指相应的电脉冲。用来控制高频载波参数的基带信号称为调制信号，未调制的高频电振荡信号称为载波（可以是正弦波，也可以是非正弦波，如方波、脉冲序列等）。被调制信号调制过的高频电振荡信号称为已调波或已调信号。已调信号通过信道传送到接收端，在接收端经解调后恢复成原始基带信号。解调是调制的反变换，是从已调波中提取调制信号的过程。

调制技术的目的就是对信源信息进行处理，使信号适合在空中长距离的传输。

（二）调制技术的基本功能要求

移动通信面临的无线信道问题有频率资源有限、干扰和噪声影响大，存在着多径衰落等。再者，通信的最终目的是远距离传递信息，由于传输失真、传输损耗以及保证带内特性的原因，基带信号是无法在无线信道上进行长距离传输的。

针对这些问题，移动通信对调制解调技术提出以下功能要求：

（1）长距离传输，要求能够频谱搬移，使传送信息的基带信号搬移到相应频段的信道上进行传输。

（2）由于频谱资源有限，要求高的带宽效率，即单位频带内传送尽可能高的信息率（b/s/Hz）。

（3）由于用户终端小，要求高的功率效率，抗非线性失真能力强。

（4）由于存在邻道干扰，要求低的带外辐射。

（5）由于存在多径信道传播，要求对多径衰落不敏感，抗衰落能力强。

（6）干扰受限的信道，要求增强信号的抗干扰性，即功率有效性。采用调制技术，已调信号的波功率谱主瓣占有尽可能多的信号能量，且波瓣窄；另外带外衰减大，旁瓣小，这样对其他信号干扰小。

（7）产业化问题，要求成本低，易于实现。

（三）调制技术的主要性能指标

数字调制技术的性能指标主要有功率有效性 η_P 和带宽有效性 η_B。

1. 功率有效性 η_P

功率有效性反映了数字调制技术在低功率电平情况下保证系统误码性能的能力，可叙述成在接收机输入端存在特定的误码概率下，每比特的信号能量与噪声功率谱密度之比。

$$\eta_P = \frac{E_b}{N_0} \tag{2.2}$$

2. 带宽有效性 η_B

带宽有效性反映了数字调制技术在一定的频带内容纳数据的能力，可表述成在给定的带宽条件下每赫兹的数据通过率。由式 2.3 可知，提高数据率意味着减少每个数字符号的脉冲宽度。

$$\eta_B = \frac{R}{B} \quad (\text{b/s/Hz}) \tag{2.3}$$

二、调制技术的分类与应用

（一）调制技术的分类

1. 按调制信号性质分类

按照调制信号的性质可以把调制技术分为模拟调制和数字调制，这也是最基本的、最常见的调制技术分类方法。模拟调制一般指调制信号和载波都是连续波（信号）的调制方式，它有调幅（AM）、调频（FM）和调相（PM）三种基本的形式。数字调制一般指调制信号是离散的，而载波是连续信号的调制方式。

数字信号的调制与解调是移动通信中的一项关键技术，对改善信道的传输性能起着重要的作用。数字调制的原理就是用基带信号（数字信号）去控制载波的某个参数，使之随着基带信号的变化而变化。传输数字信号时有三种基本的调制方式：幅度键控、频移键控、相移键控。若调制信号（即基带信号）为二进制数字信号时，载波的幅度、频率或相位只有两种变化，此时，数字调制技术被分别称为二进制幅度键控、二进制频移键控、二进制相移键控，数字调制技术的分类如图 2-11 所示。

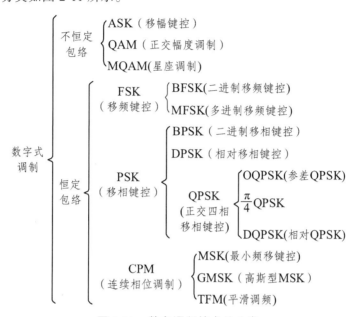

图 2-11　数字调制技术的分类

2. 按照载波形式分类

按照载波的形式调制技术可分为连续波调制和脉冲调制两类。脉冲调制是指用脉冲信号控制高频振荡信号的参数。此时，调制信号是脉冲序列，载波是高频振荡信号的连续波。脉冲调制可分为模拟式和数字式两类。模拟式脉冲调制是指用模拟信号对脉冲序列参数进行调制，有脉幅调制（PAM）、脉宽调制（PDM）、脉位调制（PPM）和脉频调制（PFM）等。数字式脉冲调制是指用数字信号对脉冲序列参数进行调制，有脉码调制（PCM）和增量调制（△M）等。

3. 按照传输特性分类

按照传输特性可以把调制技术分为线性调制和非线性调制。广义的线性调制，是指已调波中被调参数随调制信号成线性变化的调制过程。狭义的线性调制,是指把调制信号的频谱搬移到载波频率两侧而成为上、下边带的调制过程。此时只改变频谱中各分量的频率，但不改变各分量振幅的相对比例，使上边带的频谱结构与调制信号的频谱相同，下边带的频谱结构则是调制信号频谱的镜像。狭义的线性调制有调幅（AM）、抑制载波的双边带调制（DSB-SC）和单边带调制（SSB）。

（二）调制技术在移动通信系统中的应用

目前，调制技术在移动通信系统中的应用见表 2.2。

表 2.2　调制技术在移动通信系统中的应用

标准	服务类型	调制技术
GSM	蜂窝	GMSK
DCS-1800	蜂窝	GMSK
IS-95	蜂窝	上行：OQPSK，下行：BPSK
PHS	无绳	π/4 DQPSK
TD-SCDMA	蜂窝	QPSK
WCDMA	蜂窝	上行：BPSK，下行：QPSK
CDMA2000	蜂窝	QPSK
TD-LTE	蜂窝	BPSK、QPSK、16QAM、64QAM
LTE FDD	蜂窝	BPSK、QPSK、16QAM、64QAM

（三）常见数字调制技术简介

1. 最小移频键控（MSK）

在数字信号的载波传输中，如果已调信号的包络恒定，就会对信道的非线性不敏感，不会因为信道的非线性作用而发生明显的频谱扩散，从而减小已调信号带外频谱对相邻信道的干扰。为了提高数字调制的频率利用率，基本的方法是减小信号所占的带宽，使其信号频谱的主瓣窄，信号功率谱密度集中在频带之内。要使信号带外的剩余能量尽可能低，副瓣占的功率谱密度小，相位连续变化起着举足轻重的作用。对于像数字移动通信这类通信来说，包络恒定、相位连续变化的数字调制技术是人们所寻求的。最小频移键控（MSK），就是这样一种数字调制技术。MSK 相位连续且具有最小调频指数 0.5 的频移键控信号，满足两个信号正交的条件，频偏最小，包络恒定，故被称之为最小频移键控（MSK）。

MSK 是一种特殊的 2FSK，也是用两个不同的频率分别传送二进制数字信息，其特点是除了它的最小调频指数为 0.5 以外，它的两种频率的信号在一个码元期间内所积累的相位差必须严格地等于π/2，以保证在码元转换时刻已调信号的相位是连续的。

MSK 已调信号的时域表达式可表示为

$$s_{MSK}(t)=d_{2k}\cos\left(\frac{\pi}{2T_b}t\right)\cos\omega_c t - d_{2k+1}\sin\left(\frac{\pi}{2T_b}t\right)\sin\omega_c t \qquad (2.4)$$

式中 T_b 表示输入数据流的比特宽度。

MSK 信号的调制原理图如图 2-12 所示。MSK 信号的解调，可以采用相干解调，也可采用非相干解调，电路形式亦有多种。非相干解调不需复杂的载波提取电路，但性能稍差。相干解调电路，必须产生一个本地相干载波，其频率和相位必须与载波频率和相位保持严格的同步。

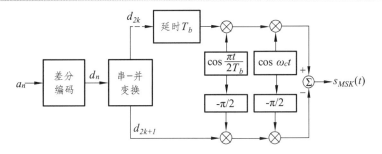

图 2-12　产生 MSK 信号的正交调制器

2. 高斯滤波最小频移键控（GMSK）

MSK 信号虽然具有频谱特性和误码性能好的优点，但就移动通信的应用而言，它占用带宽仍然较宽。此外，其频谱的带外衰减仍不够快，以致在 25 kHz 信道间隔内传输 16 kb/s 的数字信号时，不可避免地会产生邻频道干扰。因此，必须设法对 MSK 的调制方式进行改进，使其在保持 MSK 信号基本特性的基础上，尽可能加速信号带外频谱的衰减。

为了解决这一问题，用高斯型滤波器（这个滤波器通常称为"预调滤波器"）先对原始数据进行滤波，再进行 MSK 调制，这就是所谓"高斯滤波最小频移键控"，简记为 GMSK，如图 2-13 所示。用这种方法可以做到在 25 kHz 信道间隔内传输 16 kb/s 的数字信号时，邻频道辐射功率低于 -60 ~ -70 dBm，并保持较好的误码性能。

为了抑制高频成分、防止过量的瞬时频率偏移以及进行相干检测，高斯低通滤波器必须满足一下要求：

（1）带宽窄，且是锐截止的。

（2）具有较低的过脉冲响应。

（3）能保持输出脉冲的面积不变。

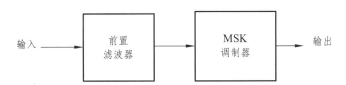

图 2-13　采用直接 FM 构成的 GMSK 发射的原理框图

GMSK 信号的解调与 MSK 信号完全相同

图 2-14 所示表示出了 GMSK 信号的功率谱密度。图中，横坐标为归一化频率 $(f-f_c)T$，纵坐标为归一化功率谱密度，参变量 B_bT_b 为高斯低通滤波器的归一化 3dB 宽度 B_b 与码元长度 T 的乘积。$B_bT_b = \infty$ 的曲线是 MSK 信号的功率谱密度。由此可见，GMSK 信号的频谱随着 B_bT_b 值的减小变得紧凑起来。

需要指出的是，GMSK 信号频谱特性的改善是通过降低误比特率性能来换取的。前置滤波器的带宽越窄，输出功率谱就越紧凑，误比特率性能变得越差。不过，当 $B_bT = 0.25$ 时，误比特率性能的下降并不严重。

高斯滤波最小频移键控（GMSK）方式实现简单，在 MSK 调制器前端设置高斯滤波器即可实现。应用于 TDMA 数字移动通信系统，是 GSM 的优选方案。

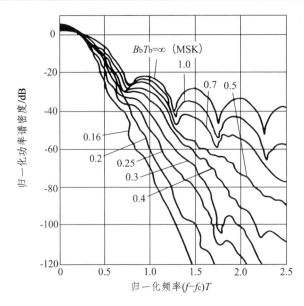

图 2-14　GMSK 信号的功率谱密

3. 二进制相移键控（BPSK 或 2PSK）

二进制相移键控调制其相位变化是以未调制载波的相位作为参考基准，利用载波相位的绝对值传送数字信号"1"和"0"，故又称为二进制绝对相移键控。

若二进制相移键控已调信号的时域表达式为

$$s_{\mathrm{BPSK}}(t)=[\sum_n a_n g(t-nT_{\mathrm{b}})]\cos(\omega_c t) \qquad (2.5)$$

式中，a_n 为双极性数字信号，有

$$a_n=\begin{cases}1 & ，出现概率为 p\\ 0 & ，出现概率为 1-p\end{cases} \qquad (2.6)$$

在某个信号间隔内观察 BPSK 已调信号，若 $g(t)$ 是幅度为 1，宽度为 T_s 的矩形脉冲，则有

$$S_{\mathrm{BPSK}}(t)=\pm\cos w_c t=\cos w(w_c+\varphi_1),\varphi_1=0\ 或\ \pi \qquad (2.7)$$

当数字信号传输速率 $(1/T_S)$ 与载波频率有确定的倍数关系时，典型的波形如图 2-15 所示。

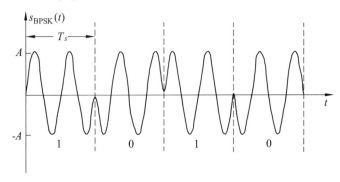

图 2-15　BPSK 信号的典型波形

BPSK 调制器可以采用相乘器，也可以用相位选择器来实现，如图 2-16 所示。

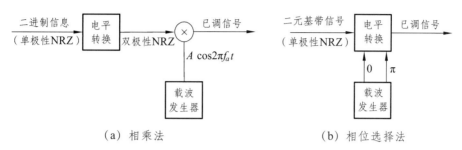

（a）相乘法　　　　　　　　　　　（b）相位选择法

图 2-16　BPSK 调制器

BPSK 解调必须采用相干解调。在相干解调中，如何得到同频同相的载波是个关键的问题。由于 BPSK 信号是抑制载波双边带信号，不存在载频分量，因而无法从已调信号中直接用滤波法提取本地载波，只有采用非线性变换才能产生载波分量。常用的载波恢复电路有两种，一种是图 2-17（a）所示的平方环电路；另一种是图 2-17（b）所示的科斯塔斯环（Costas）电路。

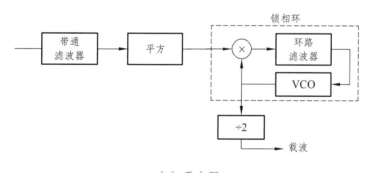

（a）平方环

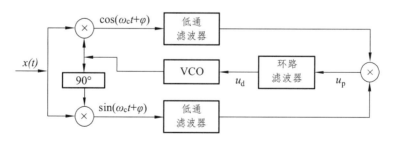

（b）科斯塔斯环

图 2-17　载波恢复电路

在 BPSK 的接收过程中，若恢复的载波相位发生变化（0°变为 π 或 π 变为 0°），则恢复的数字信息就会发生 0 变 1，或 1 变 0，从而造成错误的恢复，这就是相位模糊问题。在 BPSK 系统中这一现象称为倒 π 现象或反向工作现象，如图 2-18 所示。在实际中经常用差分相移键控来解决这个问题。

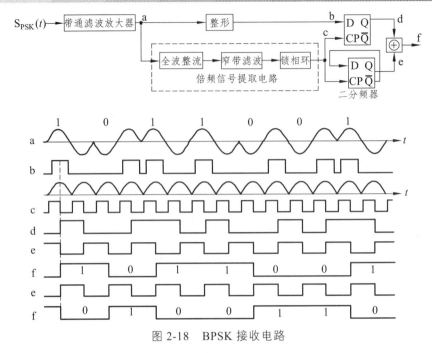

图 2-18　BPSK 接收电路

相移键控在数据传输中，尤其是在中速和中高速的数传机（2 400～4 800 b/s）中有广泛的应用。相移键控有很好的抗干扰性，在有衰落的信道中也能获得很好的效果。二进制相移键控主要应用于 IS-95 蜂窝移动通信系统的下行链路调制。

4. 偏移四相相移键控（OQPSK）

1）四相相移键控 QPSK 的基本原理

四相相移键控 QPSK 具有较高的频谱利用率，很强的抗干扰性及较高的性能价格比。QPSK 是利用载波初相位在（0，2π）中以 π/2 等间隔取四种不同值来表征四进制码元的四种状态信息，它的一般表达式为

$$s(t) = \sum_n \cos\left(w_c t + \varphi_n\right) g\left(t - nT_S\right) \tag{2.8}$$

其中，φ_n 是代表信息的相位参数，它共有四种相位取值，在任一码元的持续时间内，φ_n 将取其一。当 $\varphi_n = \dfrac{\pi}{4}(2n+1)$，$n = 0$，1，2，3 时，QPSK 系统称为 $\dfrac{\pi}{4}$ QPSK 系统。当 $\varphi_n = \dfrac{\pi}{2}$，$n = 0$，1，2，3 时，该系统称为 $\dfrac{\pi}{2}$ QPSK 系统。无论哪种系统，QPSK 系统均可以看成是载波相位相互正交的两个 BPSK 信号之和，即

$$s_I(t) = \sum_k I_k g(t - kT_s), \qquad s_Q(t) = \sum_k Q_k g(t - kT_s) \tag{2.9}$$

式中

$$I_k = \cos\varphi_k, \qquad Q_k = \sin\varphi_k \tag{2.10}$$

把 φ_n 与二进制信息对应，可得如下的对应关系：

$0° \to 00$		$45° \to 00$
$90° \to 01$		$135° \to 01$
$180° \to 10$	或	$225° \to 10$
$270° \to 11$		$315° \to 11$

根据式（2.9）、式（2.10）以及相位与二进制信息的对应关系，可得 π/4 QPSK 系统调制器的方框图如图 2-19 所示，图中略去了相乘器前电平变换电路。其中串/并变换电路将串行输入的二进制信息序列变换成两路并行的二进制序列 $\{b_k\}$、$\{c_k\}$。显然 QPSK 信号包含同相与正交两个分量，每个分量都是用宽度为 T_s 的二进制序列分别进行键控。码元宽度 T_s 为输入信息序列 $\{a_k\}$ 比特宽度 T_b 的两倍。

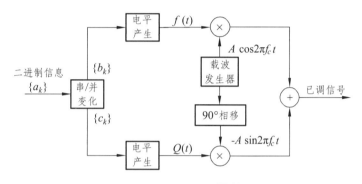

图 2-19　π/4 QPSK 调制器

QPSK 相干解调器的工作原理如图 2-20 所示。输入 QPSK 已调信号 $s(t)$ 送入两个正交乘法器，载波恢复电路产生与接收信号载波同频同相的本地载波，并分为两路，其中一路经移相 90°后产生正交相干载波。将此两路信号分别送入两个正交乘法器，经低通、取样判决后产生两路码流 $\{b_k\}$、$\{c_k\}$，再经并/串转换后恢复数据流 $\{a_k\}$。取样判决器的判决准则是根据调制器的工作原理确定的。

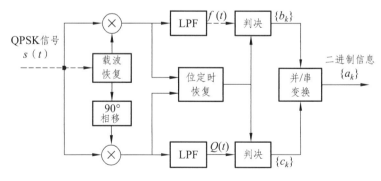

图 2-20　QPSK 相干解调器

2）偏移四相相移键控调制 OQPSK 的基本原理

OQPSK 信号产生时，是将输入数据经数据分路器分成奇偶两路。并使其在时间上相互错开一个码元间隔，然后再对两个正交的载波进行 BPSK 调制，叠加成为 OQPSK 信号，调制过程如图 2-21 所示。

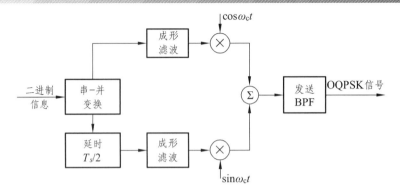

图 2-21　OQPSK 信号调制器

OQPSK 在其中一条支路上加入了一个比特的时延，使得两个支路的数据不会同时发生变化，因而 OQPSK 不可能像 QPSK 那样产生±π的相位跳变，仅产生±π/2 的相位跳变，因此 OQPSK 的频谱旁瓣要低于 QPSK 信号的旁瓣，OQPSK 信号对邻道的辐射要小，抗干扰能力强，但传输速率低，主要应用于 IS-95 蜂窝移动通信系统的上行链路调制。

5. π/4 差分四相相移键控（π/4 DQPSK）

π/4 DQPSK 是对 QPSK 信号的特性进行改进的一种调制方式，改进之一是将 QPSK 的最大相位跳变±π，降为±3π/4，从而改善了 π/4 DQPSK 的频谱特性。改进之二是解调方式，QPSK 只能用于相干解调，而 π/4 DQPSK 既可以用相干解调也可以采用非相干解调。

π/4 DQPSK 信号产生原理图如图 2-22 所示，输入数据经串/并转换之后得到同相通道 I 和正交通道 Q 的两种非归零脉冲序列 S_I 和 S_Q。通过差分相位编码，使得在 $kT_S \leqslant t < (k+1)$ T_S 时间内，I 通道的信号 I_k 和 Q 通道的信号 Q_k 发生相应的变化，再分别进行正交调制之后合成为 π/4 DQPSK 信号（这里 T_S 是 S_I 和 S_Q 的码宽，$T_S = 2T_b$）

π/4 DQPSK 的信号表达式为：

$$S(t) = I(t)\cos \omega_c t - Q(t)\sin \omega_c t \tag{2.11}$$

其中 $I(t)$、$Q(t)$ 分别为数字脉冲 I_k、Q_k 通过低通滤波器所得信号，且有

$$I_k = \cos \theta_k = I_{k-1} \cos \Phi_k - Q_{k-1} \sin \Phi_k \tag{2.12}$$

$$Q_k = \sin \theta_k = I_{k-1} \sin \Phi_k - Q_{k-1} \cos \Phi_k \tag{2.13}$$

式中　　　　　　　$\theta_k = \theta_{k-1} + \Phi_k$

Φ_k 与 I、Q 路支信号 S_I、S_Q 的关系：

$$S_I、S_Q = 1、1，\quad \Phi_k = \pi/4$$
$$S_I、S_Q = -1、1，\quad \Phi_k = 3\pi/4$$
$$S_I、S_Q = -1、-1，\quad \Phi_k = -3\pi/4$$
$$S_I、S_Q = 1、-1，\quad \Phi_k = -\pi/4$$

π/4 DQPSK 调制技术主要应用于美国的 IS-136 数字蜂窝系统、日本的个人数字蜂窝系统 PDC 和美国的个人接入通信系统 PACS 中。

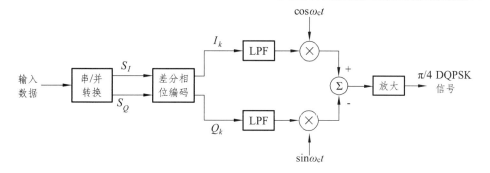

图 2-22 π/4 DQPSK 信号的产生原理框图

任务三 扩频技术

【技能目标】

（1）能识别各类扩频技术的特点。

（2）能进行各类扩频调制技术应用处理。

【素质目标】

（1）培养学生善于分析解决问题的职业素质。

（2）培养学生努力学习、细心踏实的职业习惯。

一、扩频技术的概念

目前所有调制方案的一个主要设计思想就是最小化传输带宽，其目标是为了提高频带利用率。然而，由于带宽是一个有限的资源，随着窄带化调制接近极限，最后只有压缩信息本身的带宽了。于是调制技术又向着相反的方向发展——采用宽带调制技术。

扩频通信技术是一种信息传输方式，其信号所占有的频带宽度远大于所传信息必需的最小带宽。频带的扩展是通过一个独立的码序列来完成，用编码及调制的方法来实现的，与所传信息数据无关；在接收端则用同样的码进行相关同步接收、解扩及恢复所传信息数据，即以信道带宽来换取信噪比的改善。

（一）扩频技术的概念

扩频就是将数据信号介入带有白噪声特性的伪随机序列进行传输，使传输带宽达到原数据所需最小带宽大到数百甚至上千万倍以上。

若 W 代表系统占用带宽或信号带宽，B 代表信息带宽，则一般认为 $W/B = 1 \sim 2$，为窄带通信；$W/B = 50$，为宽带通信；$W/B \geqslant 100$，即为扩频通信。扩频通信系统用 100 倍以上的信号带宽来传输信息，旨在有力地克服外来干扰，特别是故意干扰和无线多径衰落，即在强干扰条件下保证安全可靠的通信。

（二）扩频的分类

按结构和调制方式，大体分为以下几类：

（1）直接序列扩频（DS-SS）并包括 CDMA（码分多址）。

（2）跳频（FH），并包括慢跳频（SFH）CDMA 和快跳频（FFH）系统。

（3）时跳扩频（TH）。

（4）混合扩频方式。

（三）扩频通信系统的组成

扩频通信系统的基本组成框如图 2-23 所示，扩频通信系统除了具有一般通信系统所具有的信息调制和射频调制外，还增加了扩频调制，即增加了扩频调制和解扩部分。信号在扩频通信系统中的处理流程如下：

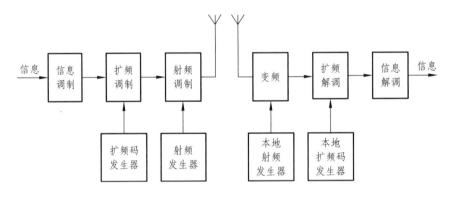

图 2-23　扩频通信系统基本组成框图

1．发送端

信息调制：输入的窄带有用信号先经过信息调制，形成数字信号。

扩频调制：由扩频码发生器产生的扩频码序列去调制数字信号，以展宽信号的频谱，形成扩频信号。

射频调制：为适应无线传播信道的要求，射频调制器对扩频信号进行调制，然后成为射频调制信号发送到无线信道。

2．在无线信道

射频调制信号被加入宽带噪声（在 CDMA 系统中还有其他用户产生的多址干扰）和窄带强脉冲干扰，变为混合信号。

3．接收端

射频解调：通过收端变频器后对接收到的混合信号进行载波解调，将混合信号中心频率从射频降到一个适合接收系统工作的中频频率 。

扩频解调：通过扩频解调器，用与发送端相同的本地扩频码（PN 码）对接收信号进行相关解扩，产生解扩信号。在解扩过程，有用信号因与扩频码相关被解扩提取；窄带干扰信号因不相关反而被扩频码扩频，降低了功率谱密度，宽带噪声与扩频码不相关，不能被解扩提取。

窄带滤波：解扩信号通过中频窄带滤波输出窄带信号，包括在带内的有用信号、宽带噪声和窄带干扰。

信息解调：通过中频窄带滤波输出的窄带信号经过信息解调，恢复成原始信息输出。

（四）扩频通信系统的主要指标

衡量扩频通信系统的主要性能指标是系统的处理增益和抗干扰容限。

1. 扩频处理增益（G_p）

扩频处理增益（Spread Process Gain）或称为处理增益，是指扩频信号的带宽（即扩展后的信号带宽）与信息带宽（即扩展前的信息带宽）之比。扩频处理增益如式（2.14）、（2.15）表示

$$G_p = W/B \qquad\qquad (2.14)$$

在工程上常中，以分贝（dB）表示

$$G_p = 10\lg G = 10\lg (W/B) \qquad\qquad (2.15)$$

式中　W——扩频信号的带宽，单位为 Hz；

B——信息带宽，单位为 Hz；

例如，某扩频系统，$W = 20$ MHz，$B = 10$ kHz，则 $G_p = 33$ dB。说明这个系统在接收机的射频输入端和基带滤波器输出端之间有 33dB 的信噪比增益改善程度。

2. 抗干扰容限（M_j）

抗干扰容限是在保证系统正常工作的条件下，接收机输入端能承受的干扰信号比有用信号高出的分贝（dB）数。即扩频通信系统能在多大干扰环境下正常工作的能力。抗干扰容限表示为

$$M_j = G_p - [(S/N)_{\text{out}} + L_s] \qquad\qquad (2.16)$$

式中　M_j——系统的抗干扰容限，单位为 dB；

$(S/N)_{\text{out}}$——接收机的输出信噪比，单位为 dB；

L_s——系统的损耗，单位为 dB。

例如，某扩频系统的处理增益为 30 dB，接收机的输出信噪比 $\geqslant 10$ dB，系统损耗为 3 dB，由式（2.16）可以求得抗干扰容限

$$M_j = 30 - (10 + 3) = 17 \ （\text{dB}）$$

它表明如果干扰输入功率超过信号功率 17 dB，系统就不能正常工作；否则，在二者之差不大于 18 dB 时，即使信号被一定的噪声或干扰淹没，该系统仍能正常工作。换句话说，该系统能够在接收输入信噪比大于或等于 – 17 dB 的环境下正常工作。

保证通信系统要正常工作，必须在输出端有一定的信噪比，如：GSM 蜂窝移动通信系统为蜂窝 10 dB，CDMA 蜂窝移动通信系统为 – 7 dB，并且还需扣除系统内部信噪比的损耗，因此需引入抗干扰容限。抗干扰容限直接反映了扩频通信系统接收机允许的极限干扰强度，

它往往能比处理增益更确切地表征系统的抗干扰能力。

（五）扩频通信系统的主要特点

扩频通信在发送端以扩频编码进行扩频调制，在接收端以扩频码序列进行扩频解调，这一过程使其具有诸多优良特性。

1. 抗干扰能力强

扩频通信在空间传输时所占有的带宽相对较宽，在接收端采用相关检测的方法来解扩，使有用宽带信息信号恢复成窄带信息信号。而对于各种形式的干扰，只要波形、时间和码元稍有差异，解扩后仍然保持其宽带性，然后通过窄带滤波技术提取出有用的信息信号。这样对于各种干扰信号，因其在接收端的非相关性，解扩后在窄带中只有很微弱的成分。因此信噪比高，抗干扰能力强。

2. 提高了频率利用率

由于系统本身的抗干扰能力强，所以扩频通信的发送功率可以很低（1～650 mW），系统可以工作在信道噪声和热噪声背景中，易于在同一地区重复使用同一频率，也可与现今各种窄带通信共享同一频率资源，大大提高了频率利用率。

3. 保密性好

由于扩频信号在很宽的频带上被扩展了，单位频带内的功率很小，即信号功率谱密度很低。所以，在信道噪声和热噪声的背景下，信号被淹没在噪声之中，敌方一般很难发现有信号存在，再加上不知道扩频编码，就很难进一步检测出有用信号。因此，扩频信号具有很低的被截获概率。

4. 可以实现码分多址

许多用户共享同一宽频带，则可提高频带的利用率。正是扩频通信给频率复用和多址通信提供了基础。充分利用不同码型扩频编码之间的相关特性，给不同用户分配不同的扩频编码，就可以区分不同用户的信号。众多用户只要配对使用自己的扩频编码，就可以互不干扰地同时使用同一频率进行通信，从而实现频率复用和码分多址。

5. 抗衰落、抗多径干扰

扩频信号的频带扩展，信号分布在很宽的频带内，信号的功率谱密度降低，而多径效应产生的频率选择性衰落只会造成传输的小部分频谱衰落，不会造成信号严重变形，扩频系统具有抗频率选择性衰落的能力。在移动通信中，多径干扰是一个是很严重的、非解决不可的问题。系统常采用分集技术和梳状滤波器的方法来提高抗多径干扰的能力。

6. 能精确定时和测距

利用电磁波的传播特性和扩频通信 PN 码的相关性，可以精确测出二物体之间距离，使精确定时和测距得以广泛应用。

二、扩频技术的分类与应用

扩频调制在移动通信中的常见应用方式有直接序列扩频（DS-SS）和跳频（FH）技术两种。

（一）直接序列扩频

1. 直接序列扩频的含义

所谓直接序列（DS）扩频，就是直接用具有高码率的扩频码序列在发送端去扩展信号的频谱，接收端再用相同的扩频码序列进行解扩，把展宽的扩频信号还原成原始的信息。

2. 直扩系统的构成原理

使用伪随机码作为扩频码直接扩展频谱的通信系统称为直接序列扩频通信系统，简称直扩系统，或伪噪声（PN）扩频系统。直扩系统的组成结构如图 2-24 所示。

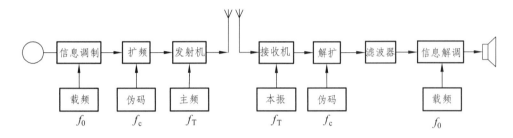

图 2-24　直扩系统的组成与原理框图

系统结构与扩频通信系统基本组成结构相似，发送端包含信息调制、扩频、发射机三部分，分别通过载频（f_0）完成窄带信息调制，通过载频（f_c）完成频谱扩展，通过载频（f_T）完成射频调制，再进行放大发射，通过辐射天线在无线信道上传输，传输过程中受到外来各种干扰信号的影响。在接收端包含接收机、解扩、滤波及信息解调部分，完成发送端的反变换。接收的信号经过射频解调变为中频信号、频谱还原；经过中频窄带滤波器，滤除通带外的干扰信号成分；最后通过窄带信息解调还原等功能。

在直扩系统中，主要环节是完成扩频/解扩处理，对伪随机码有严格的要求：伪随机码的比特率应能满足扩展带宽的需要；伪随机码的自相关要大，且互相关要小；伪随机码应具有近似噪声的频谱性质，即近似连续谱，且均匀分布等。

3. 直扩系统的特点

（1）频谱的扩展是直接由高码率的扩频码序列进行调制而得到的。

（2）扩频码序列多采用伪随机码，又称为伪噪声（PN）码序列。

（3）扩频调制方式多采用二相相移键控（BPSK）或四相相移键控（QPSK）调制。扩频和解扩的调制解调器多采用平衡调制器，制作简单又能抑制载波。

（4）模拟信息调制多采用调频（FM），数字信息调制多采用脉冲编码调制（PCM）或增量调制（AM）。

（5）接收端多采用本地伪随机码序列对接收信号进行相关解扩，或采用匹配滤波器来解扩信号。

（6）扩频和解扩的伪随机码序列应有严格的同步，码的搜捕和跟踪多采用匹配滤波器或利用伪随机码优良的相关特性在延迟锁相环中实现。

4. 直扩系统的局限性

直扩系统的局限性在于：

（1）它是一个宽带系统，虽然可与窄带系统电磁兼容，但不能与其建立通信。另外，对模拟信源（如语音）需作预先处理（如语音编码）后，方可进行扩频。

（2）直扩系统的接收机存在明显的远近效应。

（3）直扩系统的处理增益受限于码片（chip）速率和信源的比特率。处理增益受限，意味着抗干扰能力受限和多址能力的受限。

5. 典型的 DS–CDMA 通信系统的应用

码分多址直接序列扩频（DS-CDMA）通信系统基于码分多址（CDMA）和直接序列扩频（DS）相融合的产物。CDMA 通信系统中的各用户同时工作于同一载波，占用相同的带宽，各用户之间必然相互干扰。而 DS 系统具有很强的抗干扰能力，因此，实现二者结合构成 DS-CDMA 通信系统。具体实现思路有两种方案：

方案一：DS-CDMA 通信系统构成思路如图 2-25 所示，发端的用户信息数据 d_i 直接与之相对应的高速 PN 码（PNi 码）相乘（或模 2 加），进行地址调制同时又进行了扩频调制。在收端，扩频信号经与发端 PN 码完全相同的本地 PN 码 PNk（PNk = PNi）解扩，相关检测得到所需的用户信息 r_k（$r_k = d_i$）。在这种系统中，系统中的 PN 码不是一个，而是一组正交性良好的 PN 码组，其两两之间的互相关值接近于 0。该 PN 码既用来作用户的地址码，又用于加扩和解扩，但这样的码型很难找到，实现较困难。

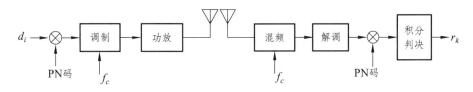

图 2-25　DS-CDMA 通信系统构成思路

方案二：DS-CDMA 通信系统构成思路如图 2-26 所示，发端的用户信息数据首先与其对应的地址码相乘（或模 2 加），进行地址码调制；再与 PN 码相乘（或模 2 加），进行扩频调制。在收端，扩频信号经过由本地产生的与发端 PN 码完全相同的 PN 码解扩后，再与相应的地址码 $W_k = (W_k = W_i)$ 进行相关检测，得到所需的用户信息 $r_k (r_k = d_i)$。系统中的地址码是一组正交码，而 PN 码在系统中只有一个（不是一组），用于加扩和解扩，以增强系统的抗干扰能力。该方案地址码与扩频码分开，实现较容易。但整个系统较复杂，尤其是同步系统。

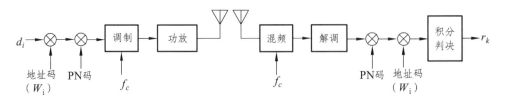

图 2-26　DS-CDMA 通信系统构成思路

需要指出的是，地址码目前采用具有良好自相关特性和处处为 0 的互相关性的沃尔什码，但是该码组内的各码所占频谱带宽不相同，不能用作扩频码。扩频码一般采用一种周期性的近似随机噪声的脉冲信号，即伪随机码（PN 码）。PN 码具有良好的相关特性，并且同一码组内的各码所占的频谱宽度可以做到很宽并且相等。但是 PN 码由于互相关性不是处处为 0，所以同时用作扩频码和地址码时，系统的性能将受到影响。

PN 序列有一个很大的家族，包含很多码组，例如 m 序列、M 序列、Gold 序列、GL（Gold-Link）序列、R-S 序列、DBCH 序列等。

（二）跳频

1. 跳频通信的定义

跳频扩频系统简称跳频系统。跳频（Frequency Hopping，FH）通信是指用一定码序列进行选择的多频率频移键控。即通信使用的载波频率受一组快速变化的 PN 码控制而随机的跳变。这种载波变化规律，通常叫作"跳频图案"。跳频实际上是一种复杂的频移键控。

2. 跳频的分类

跳频分为慢跳频和快跳频。慢跳频是指跳频速率低于信息比特速率，即连续几个信息比特跳频一次，通常在每秒几十跳；慢跳频比较容易实现，但抗干扰性能也比较差。快跳频是指跳频速率高于信息比特速率，即每个信息比特跳频一次以上，通常在每秒几千跳；快跳频的抗干扰性和隐蔽性能比较好，但解决既能快速跳变又有高稳定度的频率合成器比较困难。

3. 跳频系统的构成原理

跳频是一种扩频技术，跳频系统的载波频率在很宽频率范围内按预定的跳频图案（码序列）进行跳变。FH 系统的构成如图 2-27 所示。

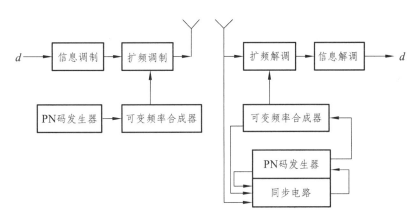

图 2-27　FH 系统的构成

在发送端，信息数据 d 经信息调制变成带宽为 B 的基带信号后，进入扩频调制。频率合成器在 PN 码发生器的控制下，产生随机跳变的载波频率，扩频调制后产生带宽为 W（W/B）的波形 FH，实现了频谱扩展。在接收端，为了解出 FH 信号，本地产生一个与发端完成相同的本地 PN 去控制本地频率合成器，使本地频率合成器输出信号本地 FH 始终与接收到的载波频率相差一个固定中频，接收到的 FH 信号与本地 FH 进行混频解扩，得到一个中心频率固定不跳变的信号中频，经过信息解调电路，解调出发端所发送的信息数据 d。工作过程中的波形变化如图 2-28 所示。

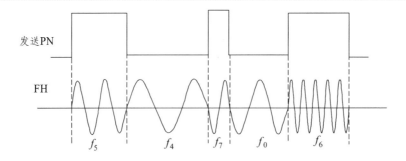

（a）发送端波形

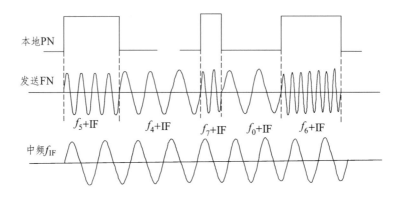

（b）接收端波形

图 2-28　跳频系统工作过程的波形示意图

下面给出跳频系统在时域和频域范围的变化过程，如图 2-29 所示。

由图 2-29（a）可知，从时域上看跳频信号是一个多频率的频移键控信号，从频域上看跳频信号的频谱是一个在很宽频带上随机跳变的不等间隔的频率信号。载波频率跳变次序为：$f_5 \rightarrow f_4 \rightarrow f_7 \rightarrow f_0 \rightarrow f_6 \rightarrow f_3 \rightarrow f_1$。由图 2-29（b）可知，从时间-频率域上来看，跳频信号是一个时-频矩阵，每个频率持续时间为 T_c 秒。

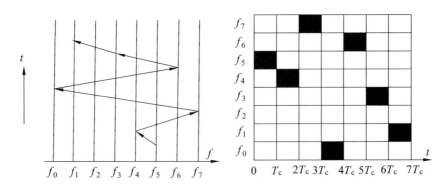

图 2-29　跳频系统在时域-频域矩阵的示意图

为了提高频带利用率，不但要尽量减小相邻频率的间隔，而且又要避免或减少邻近信道的干扰。频率间隔应选择 $1/T_c$，T_c 为频率停留时间，即跳频时间间隔，使一载波频率的峰值为其他频率的零点，构成频率正交干系，避免了相互干扰，便于信号分离。

4. 跳频系统的主要技术指标

（1）跳频带宽：它决定了抗部分频带干扰的能力。

（2）跳频频率的数目：它决定了抗单频干扰及多频干扰的能力。

（3）跳频速率：它决定了抗跟踪式干扰的能力。

（4）跳频码的长度（周期）：它决定了系统的抗截获（破译）能力。

（5）跳频系统的同步时间：希望跳频系统的同步时间越短越好。

一个跳频系统的各项技术指标应依照使用的目的、要求以及性能价格比等方面综合考虑。

5. 典型跳频技术的应用

跳频技术作为扩频通信技术的一种类型，广泛应用于抗干扰和保密性的通信系统中。跳频技术首先被用于军事通信，后来在 GSM 标准中被采用，目前 GSM 网络采用慢跳频技术方案实现。

任务四　多址技术

【技能目标】

（1）能区分各类多址技术的不同点。

（2）能熟悉商用移动通信系统采用何种多址技术。

【素质目标】

（1）培养学生善于分析解决问题的职业素质。

（2）培养学生努力学习、细心踏实的职业习惯。

一、多址技术的概念

移动通信系统由于要使用无线电波，而无线电波的频率资源是有限的，结果移动通信就会受到频率资源的限制。事实上，无线电波的资源有限并不是说无线电波会被用掉、花掉等，而是指一定时间、空间、频率上的占用，因此必须合理分配使用。在一个无线小区中，如何使一个基站能容纳更多的用户同时和其他用户进行通信？又如何使基站能从众多用户台的信号中区分出是哪一个用户台发出来的信号，而各用户台又能识别出基站发出的信号中哪个是发给自己的信号？解决这个问题的办法称为多址技术。

多址技术是指实现小区内多用户之间、小区内外多用户之间通信地址识别的技术，多用于无线通信，多址技术又称为多址接入技术。

二、多址技术的分类与应用

移动通信中的多址技术可以分为频分多址 FDMA、时分多址 TDMA、码分多址 CDMA、空分多址 SDMA、正交频分多址 OFDMA，单载波频分多址 SC-FDMA。

（一）频分多址

频分多址是让不同的信道占用不同的频率进行通信。因为各个用户使用着不同频率的信道，所以相互没有干扰。早期的第一代移动通信系统就是采用这种多址方式。

在移动通信系统中，频分多址是把通信系统的总频段划分成若干个等间隔的互不重叠的频道，分配给不同的用户使用。这些频道互不重叠，其宽度能传输一路话音信息，而在相邻频道之间无明显的干扰。

频分多址系统的工作示意图如图 2-30 所示。由图可见，系统的基站必须同时发射和接收多个不同频率的信号。任意两个移动用户之间进行通信时都必须经过基站中转：因而要占用 2 个信道（4 个频道）才能实现双工通信。不过，移动台在通信时所占用的信道并不是固定的，通常是在通信建立阶段由系统控制中心临时分配的，通信结束后移动台将退回占用的信道，这些信道又可以重新分配给其他用户使用。

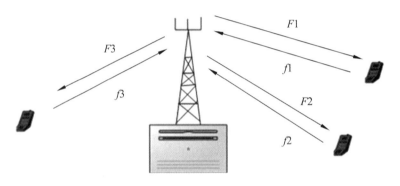

图 2-30　频分多址工作方式的示意图

这种多址方式的特点是多个移动台进行通信时占用数量众多的频点，浪费频率资源，频带利用率不高，容量有限。

（二）时分多址

时分多址技术是让不同的信道共同使用相同的频率，但是占用的时间不同，所以相互之间不会干扰。显然，在相同信道数的情况下，采用时分多址要比频分多址能容纳更多的用户。第二代移动通信系统就是采用这种多址方式。

时分多址是在一个载波频率上把时间分割成周期性的帧，每一帧再分割成若干个时隙（无论帧或时隙都是互不重叠的），每个时隙就是一个通信信道，分配给一个用户，如图 2-31 所示。系统根据一定的时隙分配原则，使各个移动台在每帧内只能按指定的时隙向基站发射（突发信号），在满足定时和同步的条件下，基站可以在各时隙中接收到各移动台的信号而互不干扰。同时，基站发向各个移动台的信号都按顺序安排在预定的时隙中传输，各移动台只要在指定的时隙内接收，就能在合路的信号中把发给它的信号区分出来。由此可见，在同样频道数的情况下，采用 TDMA 比 FDMA 通信方式能容纳更多的用户。

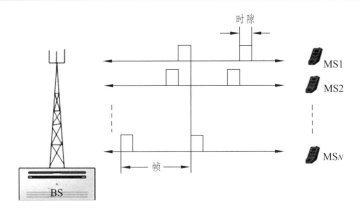

图 2-31　时分多址工作方式的示意图

（三）码分多址

码分多址技术让不同的信道共同使用相同频率和时隙，但是每个信道都被分配有一个独特的"码序列"，所以各个用户相互之间也没有干扰。采用码分多址技术可以比时分多址方式容纳更多的用户。第三代移动通信系统就是采用这种多址方式。

CDMA 是指不同的移动台的识别不是靠频率不同或时隙不同，而是用各自不同的独特的随机的地址码序列来区分，地址码序列彼此互不相关，或相关性很小。在这样一个信道中，可容纳比 TDMA 还要多的用户数。

图 2-32 所示是码分多址（CDMA）收发系统示意图，在码分多址通信系统中，利用自相关性很强而互相关值为 0 或很小的周期性码序列作为地址码，与用户信息数据相乘（或模 2 加）后进行合成，经过相应的信道传输后，在接收端以本地产生的已知地址码为参考，根据相关性的差异对接收到的所有信号进行鉴别，从中将地址码与本地地址码一致的信号选出，把不一致的信号除掉（这个过程称之为相关检测）。

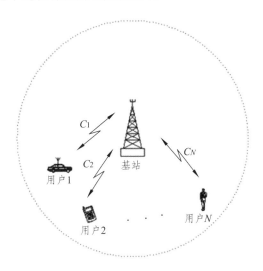

图 2-32　码分多址工作方式的示意图

（四）空分多址

是利用空间分割来构成不同信道的技术。基站使用多天线技术，通过波束赋形将电磁波波束分别射向不同区域用户。这样不同区域的用户即使在同一时间使用相同的频率进行通信，也不会彼此形成干扰，如图 2-33 所示。

空分多址是一种信道增容的方式，可以实现频率的重复使用，有利于充分利用频率资源。空分多址还可以与其他多址方式相互兼容，从而实现组合的多址技术，例如 TD-SCDMA 系统。

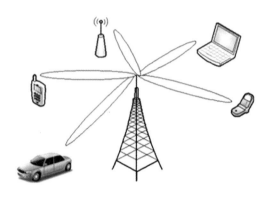

图 2-33　空分多址工作方式的示意图

（五）正交频分多址

正交频分多址技术使用大量的正交窄带子载波来承载用户信息，用户可以在很宽的频带范围内选择信道条件好的子载波传送数据，与码分多址采用单一载波所承载单一用户信息比起来，正交频分多址更能对抗多径效应，如图 2-34 所示。

正交频分多址已被广泛研究，并已成为第四代移动通信技术的下行链路的多址技术解决方案。

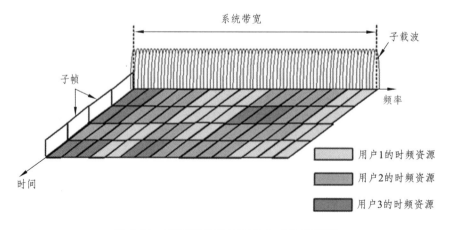

图 2-34　正交频分多址工作方式的示意图

（六）单载波频分多址

单载波频分多址为用户分配资源时，在同一个时间为用户分配连续的多个子载波（等同于单载波），如图 2-35 所示。与 OFDMA 相比之下具有的较低的功率峰均比，可以使移动终端（mobile terminal）在发送功效方面得到更大的好处，并进而延长电池使用时间，因此成为第四代移动通信技术的上行链路的多址技术解决方案。

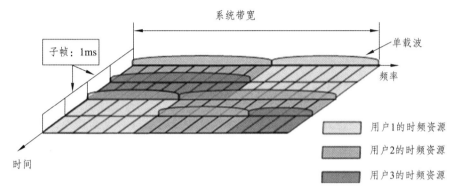

图 2-35　单载波频分多址工作方式的示意图

任务五　功率控制技术

【技能目标】

（1）能进行功率控制处理。

（2）能分析功率控制在对抗干扰时所起的作用。

【素质目标】

（1）培养学生善于分析解决问题的职业素质。

（2）培养学生团队协作意识和技术沟通的职业能力。

一、功率控制的概念

功率控制用于解决远近效应，可以通过图 2-36 所示的示意图来简单说明一下功率控制过程。

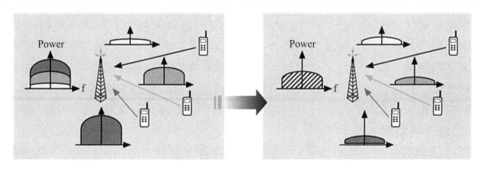

图 2-36　功率控制示意图

如果小区中的所有用户均以相同功率发射，则靠近基站的移动台到达基站的信号强；远离基站的移动台到达基站的信号弱，导致强信号掩盖弱信号。这就是移动通信中的"远近效应"问题。

CDMA 是一个自干扰系统，所有用户共同使用同一频率，所以"远近效应"问题更加突出。CDMA 系统中某个用户信号的功率较强，对该用户的信号被正确接收是有利的，但却会增加对共享频带内其他用户的干扰，甚至淹没有用信号，结果使其他用户通信质量劣化，导致系统容量下降。为了克服远近效应，必须根据通信距离的不同，实时地调整发射机所需的功率，这就是"功率控制"。

二、功率控制的分类与应用

按照通信的上下行链路方向，功率控制可以分为前向功控和反向功控，如图 2-37 所示。

图 2-37　前向功控和反向功控

前向功控用来控制基站的发射功率，使所有移动台能够有足够的功率正确接收信号，在满足要求的情况下，基站的发射功率应尽可能地小，以减少对相邻小区间的干扰，克服角效应。前向链路公共信道的传输功率是由网络决定的。

反向功控用来控制每一个移动台的发射功率，使所有移动台在基站端接收的信号功率或 SIR 基本相等，达到克服远近效应的目的。

（一）反向功控

CDMA 系统的容量主要受限于系统内移动台的相互干扰，所以如果每个移动台的信号到达基站时都达到所需的最小信噪比，系统容量将会达到最大值。

在实际系统中，由于移动台的移动性，使移动台信号的传播环境随时变化，致使信号每时每刻到达基站时所经历的传播路径、信号强度、时延、相移都随机变化，接收信号的功率在期望值附近起伏变化。因此，在 CDMA 系统的反向链路中引入了功控。

反向功控通过调整移动台发射功率，使信号到达基站接收机的功率相同，且刚刚达到信噪比要求的门限值，同时满足通信质量要求。各移动台不论在基站覆盖区的什么位置，经过何种传播环境，都能保证每个移动台信号到达基站接收机时具有相同的功率。

反向功控包括 3 部分：反向开环功控、反向闭环功控和反向外环功控。

1. 反向开环功控

CDMA 系统的每一个移动台都一直在计算从基站到移动台的路径损耗。当移动台接收到从基站来的信号很强时，表明要么离基站很近，要么有一个特别好的传播路径，这时移动台可降低它的发送功率，而基站依然可以正常接收；相反，当移动台接收到的信号很弱时，它就增加发送功率，以抵消衰耗，这就是反向开环功控，如图 2-38 所示。

反向开环功控简单、直接，不需在移动台和基站之间交换控制信息，同时控制速度快并节省开销。

但 CDMA 系统中，前向和反向传输使用的频率不同（IS-95 规定的频差为 45 MHz），频差远远超过信道的相干带宽。因而不能认为前向信道上衰落特性等于反向信道上衰落特性，这是反向开环功控的局限之处。反向开环功控由反向开环功控算法来完成，主要利用移动台前向接收功率和反向发射功率之和为一常数来进行控制。具体实现中，涉及开环响应时间控制、开环功率估计校正因子等主要技术设计。

2. 反向闭环功控

反向闭环功控，即由基站检测来自移动台的信号强度或信噪比，根据测得结果与预定的标准值相比较，形成功率调整指令，通过前向功控子信道通知移动台调整其发射功率。反向闭环功控如图 2-39 所示。

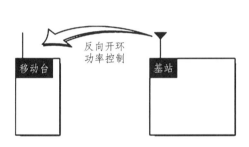

图 2-38　反向开环功控

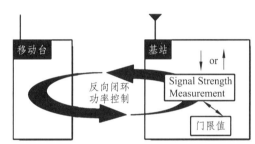

图 2-39　反向闭环功率控制

3. 反向外环功控

在反向闭环功控中，信噪比门限不是恒定的，而是处于动态调整中。这个动态调整的过程就是反向外环功控，如图 2-40 所示。

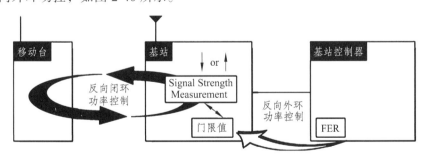

图 2-40　反向外环功控

在反向外环功控中，基站统计接收反向信道的误帧率 FER。

如果误帧率 FER 高于误帧率门限值，说明反向信道衰落较大，于是通过上调信噪比门限来提高移动台的发射功率。

反之，如果误帧率 FER 低于误帧率门限值，则通过下调信噪比门限来降低移动台的发射功率。

根据 FER 的统计测量来调整闭环功控中的信噪比门限的过程是由反向外环功控算法来

完成的。算法分为 3 个状态：变速率运行态、全速率运行态、删除运行态。这 3 种状态全面反映了移动台的实际工作情况，不同状态下进行不同的功率门限调整。

考虑 9 600 b/s 速率下要尽可能保证语音帧质量，因此在全速率运行态加入了 1%的 FER 门限等多种判断。

反向外环功控算法涉及步长调整、状态迁移、偶然出错判定、软切换 FER 统计控制等主要技术。

在实际系统中，反向功率控制是由上述 3 种功率控制共同完成的。即首先对移动台发射功率作开环估计，然后由闭环功控和外环功控对开环估计做进一步修正，力图做到精确的功率控制。

（二）前向功控

在前向链路中，当移动台向小区边缘移动时，移动台受到邻区基站的干扰会明显增加；当移动台向基站方向移动时，移动台受到本区的多径干扰会增加。

这两种干扰将影响信号的接收，使通信质量下降，甚至无法建链。因此，在 CDMA 系统的前向链路中引入了功率控制，前向功控如图 2-41 所示。

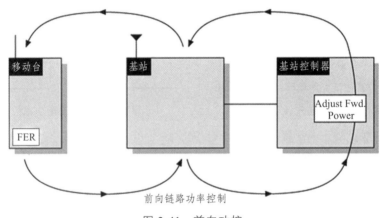

图 2-41　前向功控

前向功控通过在各个前向业务信道上合理地分配功率来确保各个用户的通信质量，使前向业务信道的发射功率在满足移动台解调最小需求信噪比的情况下尽可能小，以减少对邻区业务信道的干扰，使前向链路的用户容量最大。

在理想的单小区模型中，前向功控并不是必要的。在考虑小区间干扰和热噪声的情况下，前向功控就成为不可缺少的一项关键技术，因为它可以应付前向链路在通信过程中出现的以下异常情况：

当某个移动台与所属基站的距离和该移动台与同它邻近的一个或多个基站的距离相近时，该移动台受到邻近基站的干扰会明显增加，而且这些干扰的变化规律独立于该移动台所属基站的信号强度。此时，就要求该移动台所属的基站将发给它的信号功率提高几个分贝以维持通信。

当某个移动台所处位置正好是几个强多径干扰的汇集处时，对信号的干扰将超过可容忍的限度。此时，也必须要求该移动台所属的基站将发给它的信号功率提高。

当某个移动台所处位置具有良好的信号传输特性时，信号的传输损耗下降，在保持一定通信质量的条件下，该移动台所属的基站就可以降低发给它的信号功率。由于基站的总发射功率有限，这样就可以增加前向链路容量，也可以减少对小区内和小区外其他用户的干扰。

与反向功控相类似，前向功控也采用前向闭环功控和前向外环功控方式。在 CDMA 2000 1x 系统中，还引入了前向快速功控概念。

1. 前向闭环功控

闭环功控把前向业务信道接收信号的 Eb/Nt（Eb 是平均比特能量，Nt 指的是总的噪声，包括白噪声、来自其他小区的干扰）与相应的外环功控设置值相比较，来判定在反向功控子信道上发送给基站的功率控制比特的值。

2. 前向外环功控

前向功控虽然发生作用的点是在基站侧，但是进行功率控制的外环参数和功率控制比特都是移动台通过检测前向链路的信号质量，得出输出结果，并把最后的结果通过反向导频信道上的功率控制子信道传给基站。

任务六　分集技术

【技能目标】

（1）能进行分集技术的分类与应用。

（2）能分析分集技术在对抗干扰和衰落时起到的作用。

【素质目标】

（1）培养学生善于分析解决问题的职业素质。

（2）培养学生善于查阅专业文献的职业习惯。

在实际的移动通信系统中，移动台常常工作在城市建筑群或其他复杂的地理环境中，而且移动的速度和方向是任意的。发送的信号经过反射、散射等的传播路径后，到达接收端的信号往往是多个幅度和相位各不相同的信号的叠加，使接收到的信号幅度出现随机起伏变化，形成多径衰落。不同路径的信号分量具有不同的传播时延、相位和振幅，并附加有信道噪声，它们的叠加会使复合信号相互抵消或增强，导致严重的衰落。这种衰落会降低可获得的有用信号功率并增加干扰的影响，使得接收机的接收信号产生失真、波形展宽、波形重叠和畸变，甚至造成通信系统解调器输出出现大量差错，以至完全不能通信。此外，如果发射机或接收机处于移动状态，或者信道环境发生变化，会引起信道特性随时间随机变化，接收到的信号由于多普勒效应会产生更为严重的失真。在实际的移动通信中，除了多径衰落外还有阴影衰落。当信号受到高大建筑物（例如移动台移动到背离基站的大楼面前）或地形起伏等的阻挡，接收到的信号幅度将降低。另外，气象条件等的变化也都影响信号的传播，使接收到的信号幅度和相位发生变化。这些都是移动信道独有的特性，它给移动通信带来了不利的影响。

为了提高移动通信系统的性能，可以采用分集、均衡和信道编码这 3 种技术来改进接收信号质量，它们既可以单独使用，也可以组合使用。

一、分集技术的概念

分集技术是用来补偿衰落信道的损耗，它通常通过两个或更多的接收天线来实现。同均衡器一样，它在不增加传输功率和带宽的前提下，而改善无线通信信道的传输质量。在移动通信中，基站和移动台的接收机都可以采用分集技术。

分集的基本原理是通过多个信道（时间、频率或者空间）接收到承载相同信息的多个副本，由于多个信道的传输特性不同，信号多个副本的衰落就不会相同。接收机使用多个副本包含的信息能比较正确的恢复出原发送信号。如果不采用分集技术，在噪声受限的条件下，发射机必须要发送较高的功率，才能保证信道情况较差时链路正常连接。在移动无线环境中，由于手持终端的电池容量非常有限，所以反向链路中所能获得的功率也非常有限，而采用分集方法可以降低发射功率，这在移动通信中非常重要。

二、分集技术的分类与应用

目前常用的分集方式主要有两种：宏分集和微分集。

（一）宏分集

宏分集也称为"多基站分集"，主要是用于蜂窝系统的分集技术。在宏分集中，把多个基站设置在不同的地理位置和不同的方向上，同时和小区内的一个移动台进行通信。只要在各个方向上的信号传播不是同时受到阴影效应或地形的影响而出现严重的慢衰落，这种办法就可以保证通信不会中断。它是一种减少慢衰落的技术。

（二）微分集

微分集是一种减少快衰落影响的分集技术，在各种无线通信系统中都经常使用。目前微分集采用的主要技术有：空间分集、极化分集、频率分集、场分量分集、角度分集、时间分集等分集技术。

1. 空间分集

空间分集也称为天线分集，是无线通信中使用最多的分集技术。空间分集的基本原理是在任意两个不同的位置上接收同一信号，只要两个位置的距离大到一定程度，则两处所收到的信号衰落是不相关的，也就是说快衰落具有空间独立性。

空间分集至少要两副天线，且相距为 d，间隔距离 d 与工作波长、地物及天线高度有关，在移动通信中通常取：市区 $d = 0.5$，郊区 $d = 0.8$，d 值越大，相关性就越弱。

2. 频率分集

频率分集的基本原理是频率间隔大于相关带宽的两个信号的衰落是不相关的，因此，可以用多个频率传送同一信息，以实现频率分集。

频率分集需要用两个发射机来发送同一信号，并用两个接收机来接收同一信号。这种分集技术多用于频分双工（FDM）方式的视距微波通信中。由于对流层的传播和折射，有时会在传播中发生深度衰落。

在实际的使用过程中，常称作 1∶N 保护交换方式。当需要分集时，相应的业务被切换到备用的一个空闲通道上。其缺点是：不仅需要备用切换，而且需要有和频率分集中采用的频道数相等的若干个接收机。

3. 极化分集

极化分集的基本原理是两个不同极化的电磁波具有独立的衰落，所以发送端和接收端可以用两个位置很近但为不同极化的天线分别发送和接收信号，以获得分集效果。

极化分集可以看成是空间分集的一种特殊情况，它也要用两副天线（二重分集情况），但仅仅是利用不同极的电磁波所具有的不相关衰落特性，因而缩短了天线间的距离。

在极化分集中，由于射频功率分给两个不同的极化天线，因此发射功率要损失约 3 dB 左右。

4. 场分量分集

电磁波 E 场和 H 场载有相同的消息，而反射机理是不同的。一个散射体反射的 E 波和 H 波的驻波图形相位相差 90°，即当 E 波为最大时，H 波最小。

在移动信道中，多个 E 波和 H 波叠加，E_x，H_x，H_y 的分量是互相独立的，因此通过接收 3 个场分量，也可以获得分集的效果。

场分量分集不要求天线间有实体上的间隔，因此适用于较低（100 MHz）工作频段。当工作频率较高时（800～900 MHz），空间分集在结构上容易实现。

5. 角度分集

角度分集的做法是使电波通过几个不同的路径，并以不同的角度到达接收端，而接收端利用多个锐方向性接收天线能分离出不同方向来的信号分量，由于这些信号分量具有相互独立的衰落特性，因而可以实现角度分集并获得抗衰落的效果。

6. 时间分集

快衰落除了具有空间和频率独立性以外，还具有时间独立性，即同一信号在不同时间、区间多次重发，只要各次发送的时间间隔足够大，那么各次发送信号所出现的衰落将是彼此独立的，接收机将重复收到的同一信号进行合并，就能减小衰落的影响。

时间分集主要用于在衰落信道中传输数字信号。

任务七　均衡技术

【技能目标】

（1）能进行均衡技术的分类与应用。

（2）能分析均衡技术在对抗码间干扰时起到的作用。

【素质目标】

（1）培养学生善于分析解决问题的职业素质。

（2）培养学生善于查阅专业文献的职业习惯。

一、均衡技术的概念

在信息日益膨胀的数字化、信息化时代，通信系统担负了重大的任务，这要求数字通信系统向着高速率、高可靠性的方向发展。而数字通信系统中，由于多径传输、信道衰落等影响，在接收端会产生严重的码间干扰，增大误码率。为了克服码间干扰，提高通信系统的性能，在接收端需采用均衡技术。均衡是指对信道特性的均衡，即接收端的均衡器产生与信道特性相反的特性，用来减小或消除因信道的时变多径传播特性引起的码间干扰。

信道均衡是通信系统中一项重要的技术，能够很好地补偿信道的非理想特性，从而减轻信号的畸变，降低误码率。在高速通信、无线通信领域，信道对信号的畸变将更加的严重，因此信道均衡技术是不可或缺的。自适应均衡能够自动的调节系数从而跟踪信道，成为通信系统中一项关键的技术。

二、均衡技术的分类与应用

均衡技术可以分为两大类：线性和非线性均衡。这些种类是由自适应均衡器的输出如何控制均衡器来划分的。判决器决定了接收数字信号比特的值并应用门限电平来决定输出的值。如果输出没用在反馈路径中调整均衡器，均衡器就是线性的。另一方面，如果输出反馈回来调整均衡器，则为非线性均衡。线性均衡器包括线性横向均衡器、线性格型均衡器等等，非线性均衡器包括判决反馈均衡器、最大似然序列均衡器等等，在这里主要介绍实际中应用较广的线性横向均衡器、线性格型均衡器、判决反馈均衡器及分数间隔均衡器。

（一）线性横向型

线性横向均衡器是自适应均衡方案中最简单的形式。其工作方式为输入信号的将来值、当前值及过去值，都被均衡器时变抽头系数进行线性加权求和后得到输出，然后根据输出值和理想值之间的差别按照一定的自适应算法调整滤波器抽头系数。在实际应用中，期望信号是未知的，否则也就失去了通信的意义。为使参数调整得以顺利进行，一种折中的方法是把由输出信号进行判决所得的估计信号作为期望信号。事实上，在这种情况下，整个数字均衡器已经成了一个非线性系统，因为其收敛特性的分析是相当繁难的。但是在信道畸变不是异乎寻常的严重的情况下，其收敛性是可以得到保证的。

线性横向均衡器最大的优点就在于其结构非常简单，容易实现，因此在各种数字通信系统中得到了广泛的应用。但是其结构决定了两个难以克服的缺点：

（1）就是噪声的增强会使线性横向均衡器无法均衡具有深度零点的信道。为了补偿信道的深度零点，线性横向均衡器必须有高增益的频率响应，然而同时无法避免的也会放大噪声。

（2）另一个问题是线性横向均衡器与接收信号的幅度信息关系密切，而幅度会随着多径衰落信道中相邻码元的改变而改变，因此滤波器抽头系数的调整不是独立的。

由于以上两点线性横向均衡器在畸变严重的信道和低信噪比(SNR)环境中性能较差，而且均衡器的抽头调整相互影响，从而需要更多的抽头数目。

（二）线性格型

格型滤波器最早是由 Makhoul 于 1977 年提出的，所采用的方法在当时被称为线性预测的格型方法，后被称为格型滤波器。这种格型滤波器具有共轭对称的结构：前向反射系数是后向反射系数的共轭。格型滤波器最突出的特点是局部相关联的模块化结构。格型系数对于数值扰动的低灵敏型，以及格型算法对于信号协方差矩阵特征值扩散的相对惰性，使得其算法具有快速收敛和优良数值特性。

因为实际中，信道特性无法知道，所以也就难以估计需要的滤波器阶数。而用格型滤波器作为自适应均衡器的结构时，可以动态的调整自适应均衡器的结构以满足实际的均衡需求而不必重新设定均衡器的阶数和重新启动自适应算法。

格型均衡器由于在动态调整阶数的时候不需要重新启动自适应算法，因而在无法大概估计信道特性的时候非常有利，可以利用格型均衡器的逐步迭代而得到最佳的阶数，另外格型均衡器有着优良的收敛特性和数值稳定性，这些都有利于在高速的数字通信和深度衰落的信道中使用格型均衡器。但是如前面所讨论的那样，格型均衡器的结构比较复杂，实现起来困难，从而限制了格型均衡器在数字通信中的应用。

（三）判决反馈型

诸如线性横向型的均衡器为了补偿信道的深度零点而增大增益从而也放大了噪声，因此在恶劣的信道中线性均衡器性能不佳。然而对于恶劣信道，判决反馈均衡器由于存在着不受噪声增益影响的反馈部分因而性能优于线性横向均衡器。

判决反馈均衡的基本方法就是一旦信息符号经检测和判决以后，它对随后信号的干扰在其检测之前可以被估计并消减。其结构包括两个抽头延迟滤波器：一个是前向滤波器（FFF），另一个是反向滤波器（FBF）。其作用和原理与前面讨论的线性横向均衡器类似：FBF 的输入是判决器的先前输出，其系数可以通过调整减弱当前估计中的码间干扰。

判决反馈均衡器的结构具有许多优点，当判决差错对性能的影响可忽略时，判决反馈型均衡器优于线性均衡器，显而易见相对于线性均衡器加入判决反馈部分可得到性能上相当大的改善，反馈部分消除了由先前被检测符号引起的符号间干扰，例如相对于线性横向型均衡器较小的噪声增益，相对于线性格型均衡器运算复杂度更低、相对于横向结构更容易达到稳态性能等。然而判决反馈型均衡器面临的主要问题之一是错误传播，错误传播是由于对信息的不正确判决而产生的，错误信息的反馈会影响 FBF 部分从而影响未来信息的判决；另一问题是移动通信中的收敛速度。

（四）分数间隔型

分数间隔均衡器等价于由匹配滤波器后接波特间隔均衡器的最佳线性接收机。线性调制系统的最佳接收滤波器是级联于实际信道的一个匹配滤波器。对时变信道系统的最佳接收是采用匹配滤波器和一个 T 间隔抽头的均衡器。一个以码元速率取样的 T 间隔均衡器不能形成匹配滤波器，而分数间隔均衡器是以不低于奈奎斯特速率取样，可以达到匹配滤波器和 T 间隔均衡器特性的最好组合，即分数间隔均衡器可以构成一个最好的自适应匹配滤波器，且分数间隔均衡器在较低噪声环境下可以补偿更严重的时延和幅度失真。分数间隔均衡器对采样器噪声不敏感，这也是由于没有频谱重叠现象而产生的优点。

均衡作用可分为频域均衡（包括幅度均衡、相位或时延均衡）和时域均衡。前者是校正频率特性；后者是直接校正畸变波形。

过关训练

一、单选题

1. SC-FDMA 与 OFDM 相比（　　）。

A. 能够提高频谱效率　　　　　　　　B. 能够简化系统实现

C. 没区别　　　　　　　　　　　　　D. 能够降低峰均比

2. LTE 系统下行多址方式为（　　）。

A. TDMA　　　　　　　　　　　　　B. CDMA

C. OFDMA　　　　　　　　　　　　D. SC-FDMA

3. LTE 系统上行多址方式为（　　）。

A. TDMA　　　　　　　　　　　　　B. CDMA

C. OFDMA　　　　　　　　　　　　D. SC-FDMA

4. 以下哪种调制方式不是 TD-LTE 系统的调制方式（　　）。

A. QPSK　　　　　　　　　　　　　B. 16QAM

C. 64QAM　　　　　　　　　　　　D. 8PSK

5. 利用人类的发声机制，对语音信号的特征参数进行提取，再进行编码的方式是（　　）。

A. 波形编码　　　　　B. 参量编码　　　　　C. 混合编码

6. 移动通信对语音编码的要求 MOS 评分不低于多少分？（　　）

A. 4.5 分　　　　　　　　　　　　　B. 4 分

C. 3.5 分　　　　　　　　　　　　　D. 3 分

7. GSM 采用的语音编码方式为（　　）。

A. RPE-LTP　　　　　　　　　　　B. QCELP

C. EVRC　　　　　　　　　　　　　D. AMR

8. GSM 采用的调制技术为（　　）。

A. BPSK　　　　　　　　　　　　　B. QPSK

C. GMSK　　　　　　　　　　　　D. 16QAM

9. 用两个位置很近但为不同极化的天线分别发送和接收信号，以获得分集效果的技术为（　　）。

A. 空间分集　　　　　　　　　　　B. 极化分集

C. 频率分集　　　　　　　　　　　D. 场分量分集

E. 角度分集　　　　　　　　　　　F. 时间分集

10. 校正畸变波形的均衡技术为（　　）。

A. 频域均衡　　　　　　　　　　　B. 时域均衡

C. 线性均衡　　　　　　　　　　　　　D. 非线性均衡

二、多选题

1. 与 CDMA 相比，OFDMA 有哪些优势？（　　　）
A. 频谱效率高　　　　　　　　　　　　B. 带宽扩展性强
C. 抗多径衰落　　　　　　　　　　　　D. 频域调度及自适应
E. 抗多普勒频移　　　　　　　　　　　F. 实现 MIMO 技术较简单

2. 下列语音编码质量的 MOS 评定及格或以上的分数为（　　　）。
A. 1 分　　　　　B. 2 分　　　　　C. 3 分
D. 4 分　　　　　E. 5 分

3. 信道编码按功能分可以分为（　　　）。
A. 检错码　　　　　　　　　　　　　　B. 线性码
C. 纠错码　　　　　　　　　　　　　　D. 检纠错码

4. 3G 移动通信的三大主流技术同时采用了哪两种纠错编码？（　　　）
A. 卷积编码　　　　　　　　　　　　　B. FEC 编码
C. Turbo 编码　　　　　　　　　　　　D. ARQ 编码

5. 模拟调制技术主要有哪些？（　　　）
A. AM　　　　　　　　　　　　　　　 B. FM
C. PM　　　　　　　　　　　　　　　 D. QAM

6. 数字信号有哪几种基本的调制方式？（　　　）
A. 幅度键控　　　　　　　　　　　　　B. 频移键控
C. 相移键控　　　　　　　　　　　　　D. 时移键控

7. LTE 采用的调制技术有哪些？（　　　）
A. BPSK　　　　　B. QPSK　　　　　C. OQPSK
D. 16QAM　　　　E. 64QAM

8. 扩频按结构和调制方式，可以分为（　　　）。
A. 直接序列扩频　　　　　　　　　　　B. 跳频
C. 时跳扩频　　　　　　　　　　　　　D. 混合扩频

9. 反向功控包括哪几部分？（　　　）
A. 反向开环功控　　　　　　　　　　　B. 反向闭环功控
C. 反向外环功控　　　　　　　　　　　D. 反向循环功控

10. 微分集采用的主要技术有哪些？（　　　）
A. 空间分集　　　　B. 极化分集　　　　C. 频率分集
D. 场分量分集　　　E. 角度分集　　　　F. 时间分集

三、判断题

1. LTE 系统采用了上行 SC-FDMA 和下行 OFDMA 的多址接入方式。（　　　）

2. 语音编码可以实现语音信号的模数转换和压缩功能。（　　　）

3. CDMA2000 采用 AMR 语音编码，编码共有 8 种，速率从 12.2 ~ 4.75 kb/s。（　　　）

4. ARQ 是一种典型的检纠错码。（　　　）

5. 被确定为第三代移动通信系统的信道编码方案之一。（　　　）

6. 交织处理是将数据流在时间上进行重新处理的过程。（　　）

7. GSM 网络采用快跳频技术进行抗干扰和保密。（　　）

8. CDMA 的用户共同使用同一频率，所以"远近效应"问题不突出。（　　）

9. 前向功控用来控制移动终端的发射功率。（　　）

10. 分集技术是用来补偿衰落信道损耗的，它通常通过两个或更多的接收天线来实现。
（　　）

四、问答题

1. 移动通信对语音编码有哪些要求？

2. 移动通信对调制解调技术有哪些要求？

3. 扩频通信系统的有哪些主要特点？

4. 功率控制技术主要有哪些作用？

项目三　移动通信工程技术

【问题引入】

　　移动通信网络能为用户提供优质的无线接入服务与其特有的工程技术是密切相关的。那么移动通信中的天线是什么？无线电波在传播中有哪些特点？移动通信网络又是如何组网的？对于无线信道当中存在的噪声和干扰又该如何应对？如何提升移动通信网络覆盖的能力？高处的基站是如何解决防雷问题的？这些都是本项目需要涉及和解决的问题。

【内容简介】

　　本项目介绍移动通信天线的性能参数和选型应用，无线电波传播的特征和无线信道的相关理论，移动通信无线组网的方式，噪声干扰的分类和对抗措施，直放站的构成与应用，室内分布系统的组网与应用，基站防雷接地理论等内容。其中天线的性能参数、无线组网方式、防雷接地系统的组成为重要任务内容。

【项目要求】

　　（1）识记：天线的性能参数，直放站的构成，室内分布系统的组网结构，基站防雷接地系统的组成等概念。

　　（2）领会：无线电波传播的特征，移动通信组网的方式，信道相关理论。

　　（3）应用：天线的应用选型，噪音和干扰的应对措施，直放站和室内分布系统的应用，基站防雷接地规范。

任务一　天线技术

【技能目标】

　　（1）能识别天线方向图。

　　（2）能分析天线覆盖范围与相关参数之间的关系。

　　（3）能根据特定场景选择相适应的天线类型。

【素质目标】

　　（1）培养学生勇于创新、善于探索的职业精神。

　　（2）培养学生善于查阅专业文献的职业习惯。

一、天线基本知识

（一）天线的定义

　　天线是用来完成辐射和接收无线电波的装置。

（二）天线的功能

天线可以将高频的电信号以电磁波的形式朝所需要的方向辐射到天空中，也可以在空中接收到能量很微弱的电磁波并转换成高频电信号。

（三）天线的分类

天线有很多类型，根据天线作用可以分为发射天线和接收天线；根据天线结构可以分为线状天线和面状天线；根据工程对象可以分为通信天线、广播电视天线和雷达天线；根据工作频率可以分为长波天线、中波天线、短波天线和超短波天线。

在移动通信系统中，通信天线又分为基站天线和移动台天线。基站天线按照天线的辐射方向可以分为定向天线和全向天线；根据下倾角调整方式可以分为机械天线和电调天线；根据极化方式可以分为双极化天线和单极化天线。

对于天线的选择，我们应根据移动通信网的覆盖、话务量、干扰和网络质量等实际情况，选择适合本地区移动网络需要的移动天线。

（四）天线的技术指标

天线的主要技术指标很多，在本书中，我们只介绍移动通信系统中常用到的几个主要指标。

1. 天线的挂高

为了让天线有较大范围的覆盖，一般移动通信基站的天线都需要挂在高处，天线挂高是指天线到地面的有效高度，是天线安装时一个很重要的工程参数。一般市区天线的挂高为30 m左右，郊区天线挂高为40 m左右，农村天线挂高为50 m左右，根据实际覆盖的需要可以灵活选择高度安装天线。

2. 天线的方向性

天线的方向性是指天线向一定方向辐射或接收电磁波的能力。天线的方向性通常用方向图来表示，方向图分为水平方向图和垂直方向图，如图3-1所示。

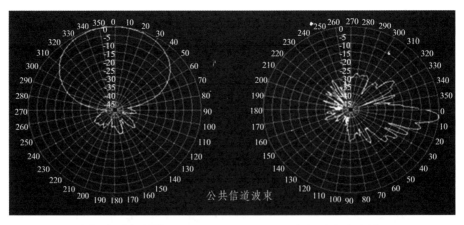

（a）水平方向图　　　　　　　　　（b）垂直方向图

图3-1　天线的方向图

在水平方向图中，天线的最强辐射方向与正北方向所形成的角度即为天线的方位角，方位角以正北方向为 0°，顺时针旋转为正，逆时针旋转为负。

3. 天线的下倾角

当天线垂直安装时，天线辐射方向图的主波瓣将从天线中心开始沿水平线向前。为了控制干扰，增强覆盖范围内的信号强度，即减少零凹陷点的范围，一般要求天线主波瓣有一个下倾角度。在垂直方向图中，天线的最强辐射方向与水平方向所形成的角度即为天线的下倾角，倾角水平方向为 0°，下倾为正，上仰为负。

天线下倾有两种方式：机械的方式和电调方式。机械天线即指使用机械调整下倾角的天线，机械天线的天线方向图容易变形，其最佳下倾角度为 1°~5°；电调天线是指采用电子调整方式调整下倾角的天线，电调天线改变倾角后天线的方向图变化不大，如图 3-2 所示。

  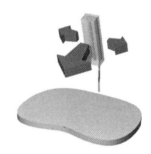

（a）无下倾 　　　　　　（b）电调下倾 　　　　　　（c）机械下倾

图 3-2 天线的下倾方式

4. 天线的增益

天线的增益是用来衡量天线朝一个特定方向收发信号的能力，天线的增益越大，则天线朝一个方向接收和辐射信号的能力越强，它是选择基站天线最重要的参数之一。

市区基站一般覆盖范围较小，因此建议选用中等增益的天线。郊区或农村基站一般覆盖范围较大，因此选用较大增益的天线。

dBi 和 dBd 都是功率增益的单位，两者都是相对值，但参考基准不一样。dBi 是以理想点源全向天线为参考得出的天线增益值；dBd 是以半波振子天线为参考得出的天线增益值。用 dBi 和 dBd 表示同一个增益时，使用 dBi 表示的值比使用 dBd 表示的值要大 2.15，两者的转换公式为 dBi = dBd+2.15。

5. 天线的极化

天线的极化方向，是指天线辐射时形成的电场强度方向。

当电场强度方向垂直于地面时，此电波就称为垂直极化波；当电场强度方向平行于地面时，此电波就称为水平极化波。由于电波的特性，决定了水平极化传播的信号在贴近地面时会在大地表面产生极化电流，极化电流因受大地阻抗影响产生热能而使电场信号迅速衰减，而垂直极化方式则不易产生极化电流，从而避免了能量的大幅衰减，保证了信号的有效传播。在移动通信系统中，一般均采用垂直极化的传播方式。图 3-3 所示给出了垂直极化与水平极化的示意图。

（a）垂直极化　　　　　　　　　　　　　（b）水平极化

图 3-3　垂直极化与水平极化

在移动通信系统中，在基站密集的高话务地区，广泛采用双极化天线，就其设计思路而言，一般分为垂直水平双极化和 ±45°双极化两种方式，如图 3-4 所示。性能上 ±45°双极化优于垂直水平双极化，因此目前大部分采用的是 ±45°极化方式。双极化天线组合了+45°和 –45°两幅极化方向相互正交的天线，并同时工作在收发双工模式下，大大节省了每个小区的天线数量；同时由于 ±45°为正交极化，有效保证了分集接收的良好效果（其极化分集增益约为 5 dB，比单极化天线提高约 2 dB）。

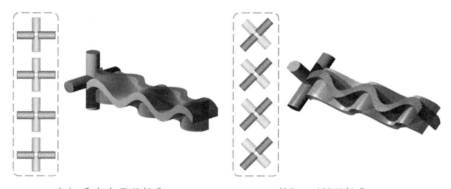

（a）垂直水平双极化　　　　　　　　　　（b）±45°双极化

图 3-4　双极化天线的结构

6. 天线的输入阻抗

天线的输入阻抗是指天线馈电端输入电压与输入电流的比值。

天线与馈线的连接，最佳情形是天线输入阻抗是纯电阻且等于馈线的特征阻抗。当天线的输入阻抗与馈线阻抗匹配时，馈线所传送功率全部被天线吸收，否则将有一部分能量反射回去而在馈线上形成驻波，并将增加在馈线上的损耗。移动通信天线的输入阻抗应做成 50 Ω 纯电阻，以便与特性阻抗为 50 Ω 的同轴电缆相匹配。

7. 天线的驻波比

天线驻波比是表示天线与基站（包括电缆）匹配程度的指标。它的产生是由于入射波能量输入到天线后没能全部辐射出去，产生反射波迭加而成的。

驻波比的计算公式为：VSWR =（1+Γ）/（1 – Γ）

其中，Γ 为反射系数，Γ^2 = 反射波功率/入射波功率。

一般要求天线的驻波比小于 1.5，驻波比是越小越好，但考虑到天线制造成本和批量生产的一致性，在工程使用中没有必要追求过小的驻波比。

8.天线的半功率角

天线的半功率角是指辐射功率不小于最大辐射方向上辐射功率一半的辐射扇面角度。根据水平和垂直方向，可以分为水平半功率角和垂直半功率角，如图 3-5 所示。

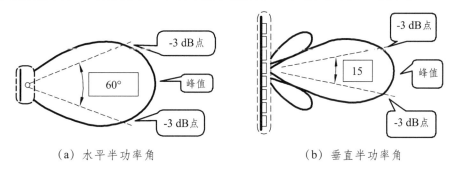

（a）水平半功率角　　　　　　　　　　（b）垂直半功率角

图 3-5　天线的半功率角

9.天线的效率

天线的效率表示天线辐射功率的能力,天线的效率定义为天线辐射功率与输入功率之比。

二、移动通信天线与应用

在移动通信系统中，通常分为移动台天线和基站天线。

（一）移动台天线

移动台的天线是"接触"网络的唯一部件，随着 4G 智能终端的广泛应用，对移动台天线也提出了更高的要求。

影响移动台天线性能的因素主要有三大类：天线尺寸、多副天线之间的互耦及设备使用模型。

（1）天线尺寸取决于移动台的工作带宽、工作频率和辐射效率。4G 终端的工作带宽远远大于以往的 2G/3G 手机，且提出了五模十频的设计要求。因此更大尺寸的天线可以在保证辐射效率的前提下提供更大的带宽和更宽的工作频段。

（2）4G 终端采用 MIMO 技术，因此移动台设备需要放置多根天线，要求多根天线同时工作在相同频率，且互相不能有影响，天线之间靠得很近时，就会产生互耦现象，天线之间耦合的能量是无用的，只会降低数据吞吐量和电池寿命。

（3）设备使用模型随着越来越大的显示屏和使用者抓握方式的改变，使得天线找一个不被显示屏或用户手掌阻挡的好位置变得越来越困难。

此外移动台天线还应具备以下特点：

（1）在水平方向内天线是无方向的。

（2）在垂直面内尽可能抑制角方向的辐射。

（3）天线的电器性能不应受到因移动而产生的振动、碰撞、冲击等的影响。

（4）体积小，重量轻，由于用户量大，造价要低廉。

（二）基站天线

1. 基站天线的分类

基站天线按照天线的辐射方向可以分为定向天线和全向天线，根据下倾角调整方式可分为机械天线和电调天线，根据极化方式可分为双极化天线和单极化天线。

全向天线的水平方向图为一个圆，定向天线的水平方向图为一个确定的方向，辐射方向的范围用半功率角描述，角度越小，方向性越强。

2. 基站天线的要求

（1）天线增益高。

为了提高增益，即提高天线水平面的辐射能力，必须设法压缩天线垂直面的辐射特性，减小垂直面的波瓣宽度。

例如，对于高增益无方向性天线，当水平面辐射增益达到 9 dB 时，垂直面内半功率波瓣宽度不应越过 10°。基站天线增益常以半波振子的增益为标准。

（2）方向性图要满足设计要求，能使基站覆盖整个服务区。

由于天线是架设在铁塔、大楼顶部、山顶等高处，天线附近往往存在着金属导体，包括天线的支撑件，它们会对天线的辐射产生影响，使方向图发生改变。因此，必须留有足够的间距。工程中常使天线辐射体中心距铁塔 3/4 波长以上长度时，可使无方向性天线真圆性变好，或者使定向性天线获得理想的方向性。如果天线存在反射器，则应使反射器离开塔体尽量远一些。

（3）为提高天线辐射效率，必须实现天馈线系统的阻抗匹配。

在天馈线系统中，阻抗匹配程度用电压驻波比 VSWR 描述。VSWR 常在 1.05 ~ 1.5 以内，阻抗匹配程度越高，VSWR 越小。

（4）频带宽。

移动通信天线，均应要求能在宽频带范围内工作，能实现收发共用。就是说天线的工作频带不仅要考虑收发信全频段，还要考虑其收发信的双工间隔以及保护间隔。例如 150 MHz 频段的双工间隔为 5.7 MHz，400 MHz 频段的双工间隔为 10 MHz，900 MHz 频段的双工间隔为 45 MHz。另外，还需保护收信和发信频段带宽。以 900 MHz 蜂窝电话系统为例，天线应能在 25 MHz × 2+45 MHz = 95 MHz 带宽上工作，并能保证性能。

（5）具有较好的机械强度。

基站天线往往安装于铁塔塔侧或塔顶某处，因此，天线结构应具有较好的机械强度，能够抗风、冰凌、雨雪等影响。为了提高防雷能力，天线系统必须有较好的防雷接地系统。

3. 基站天线的选择

对于基站天线的应用，我们应根据移动通信网的覆盖、话务量、干扰和网络质量等实际情况，选择适合本地区移动网络需要的移动天线。

一般情况下，在基站密集的高话务密度区域，应该尽量采用双极化天线和电调天线；在边、郊等话务量不高，基站不密集地区和只要求覆盖的地区，可以使用传统的机械天线；高话务密度区采用电调天线或双极化天线替换下来的机械天线可以安装在农村、郊区等话务密度低的地区。

4. 基站天线的美化与伪装

1）基站天线美化与伪装的方法

研究统计表明，人们对电磁波辐射越来越敏感，为了减少城市环境下基站天线安装给城市居民带来的不舒适感，天线的美化与伪装是一种有效的解决方案。

天线的美化与伪装是指将基站天线与美化造型的外壳结合在一起，设计出不同形态与周围环境相适应的美化天线产品，或者将天线喷涂上与环境和谐的颜色，就可以达到美化伪装的效果，如图 3-6 所示。

（a）　　　　　　　　　　　　（b）

（c）　　　　　　　　　　　　（d）

图 3-6　天线的美化与伪装

2）基站天线美化与伪装的应用

基站安装的场合通常可分为广场、街道、风景区、商业区、住宅小区、工厂区和主干道路等七大类，这些场合的具体应用见表 3.1。

表 3.1　基站天线美化与伪装的应用

场景分类	场景描述	美化伪装方式
广场	视野开阔，绿化较好，周围建筑较少	仿生树、景观塔、灯箱型
街道	人流量大，车流量大，话务量高，要求天线高度不高	灯箱型、天线遮挡或隐蔽
风景区	绿化好，景观优美	仿生树、景观塔
商业区	楼房密集，楼房高度较高，大楼造型丰富	一体化天线、广告牌、变色龙外罩

续表

场景分类	场景描述	美化伪装方式
住宅小区	低层住宅小区，楼顶结构一般为斜坡，楼房高度较低	一体化天线、特型天线
	高层住宅小区，楼顶结构一般为平顶，楼房高度较高	方柱型外罩、圆柱形外罩、空调室外机外罩
工厂区	建筑物较低的工厂区	水罐型外罩、灯杆型外罩、景观塔、仿生树
	建筑物较高的工厂区	广告牌、方柱型外罩、圆柱形外罩、空调室外机外罩
主干道路	铁路、高速公路、国道等，车流量大，周围环境开阔，天线高度较高	仿生树、景观塔、广告牌

任务二　电波传播技术

【技能目标】

（1）能分析多径衰落的形成原因。

（2）能根据必要的已知条件计算多普勒频偏。

（3）能根据必要的已知条件进行话务量和呼损率的计算。

【素质目标】

（1）培养学生思维敏锐、善于沟通的职业精神。

（2）培养学生努力学习、细心踏实的职业习惯。

一、无线电波传播概述

（一）无线电波的传播方式

无线电波通过多种传输方式从发射天线到接收天线。主要有表面波传播、天波传播、直射波传播、外层空间传播等。

1. 表面波传播

表面波传播，就是电波沿着地球表面到达接收点的传播方式，如图 3-7 中 1 所示。电波在地球表面上传播，以绕射方式可以到达视线范围以外。地面对表面波有吸收作用，吸收的强弱与带电波的频率、地面的性质等因素有关。

2. 天波传播

天波传播，就是自发射天线发出的电磁波，在高空被电离层反射回来到达接收点的传播方式。如图 3-7 中 2 所示。电离层对电磁波除了具有反射作用以外，还有吸收能量与引起信号畸变等作用。其作用强弱与电磁波的频率和电离层的变化有关。

3. 直射传播

直射传播，就是由发射点从空间直线传播到接收点的无线电波，如图 3-7 中 3 所示。在传播过程中，它的强度衰减较慢，信号最强。

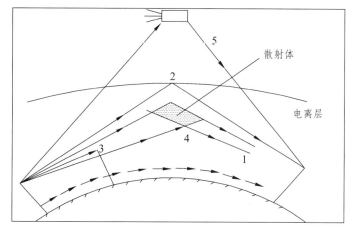

图 3-7　无线电波的传播特性

1—表面传播；2—天波传播；3—直射波传播；4—散射波传播；5—外层空间传播

4. 散射传播

散射传播，就是利用大气层对流层和电离层的不均匀性来散射电波，使电波到达视线以外的地方。如图 3-7 中 4 所示。对流层在地球上方约 10 英里（1 英里≈1.609 344 千米）处，是异类介质，反射指数随着高度的增加而减小。

5. 外层空间传播

外层空间传播，就是无线电在对流层，电离层以外的外层空间中的传播方式，如图 3-7 中的 5 所示。这种传播方式主要用于卫星或以星际为对象的通信中，以及用于空间飞行器的搜索，定位，跟踪等。自由空间波又称为直达波，沿直线传播，用于卫星和外部空间的通信，以及陆地上的视距传播。视线距离通常为 50 km 左右。

（二）无线电波传播的特点

1. 传播环境复杂

移动通信工作在 VHF 和 UHF 两个频段（30 ~ 3 000 MHz），电波的传播以直接波和反射波为主。因此，地形、地物、地质以及地球的曲率半径等都会对电波的传播造成影响。我国地域辽阔，地形复杂、多样，其中 4/5 为山区和半山区，即使在平原地区的大城市中，由于高楼林立也使电波传播变得十分复杂，复杂的地形和地面各种地物的形状、大小、相互位置、密度、材料等都会对电波的传播产生反射、折射、绕射等不同程度的影响。

2. 信号衰落严重

衰落是无线电波的基本特征之一，衰落是指信号大小随时间的变化关系，信号由强变弱的过程。衰落的变化又有快衰落和慢衰落之分。

1）快衰落

在移动通信系统中，移动台的电波传播因受到高大建筑物的反射、阻挡以及电离层的散射，它所收到的信号是从许多路径来的电波的组合，将这种现象称为多径效应。由于合成信号的幅度、相位和到达时间随机变化，从而严重影响通信质量。这就是所谓的多径衰落现象，又称为瑞利衰落或快衰落，如图 3-8 所示。由于各种不同路径反射矢量合成的结果，使信号场强随地点不同而呈驻波发布，接收点场强包络的变化服从瑞利分布，如图 3-9 所示，衰落的深度为 20~30 dB。

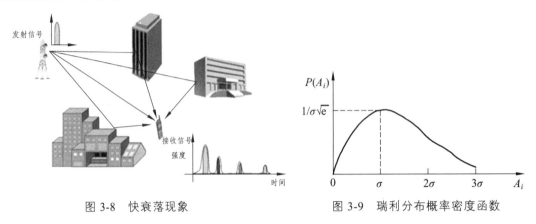

图 3-8 快衰落现象

图 3-9 瑞利分布概率密度函数

慢衰落：在移动信道中，场强中值随着地理位置变化呈现慢变化，称为慢衰落或地形衰落。产生慢衰落的原因是高大建筑物的阻挡及地形变化，移动台进入某些特定区域，因电波被吸收或反射而收不到信号，将这些区域称为阴影区，从而形成电磁场阴影效应，如图 3-10 所示，慢衰落变化服从对数正态分布如图 3-11 所示。所谓对数正态分布，是指以分贝数表示的信号为正态分布。

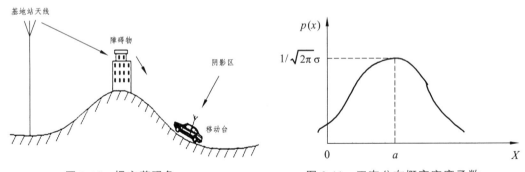

图 3-10 慢衰落现象

图 3-11 正态分布概率密度函数

此外，还有一种随时间变化的慢衰落，它也服从对数正态分布。这是由于大气折射率的平缓变化，使得多径信号相对时延变化，造成同一地点收到的场强中值电平随时间做慢变化，但这种变化远小于地形因素的影响，因此一般忽略不计。

3. 具有多普勒频偏效应

在电波传播中，接收机接收到的信号频率将与发射机发出的信号频率之间产生一个差值。到达接收端的多径信号的相位是不断变化的，会使工作频率发生偏移，将这种由于移动台移动而产生的频率偏移现象称为多普勒频偏效应。

若工作频率越高，运动速度越快，那么多普勒频偏（Δf）越大。频偏大小可通过表达式（3-1）确定。

$$\Delta f = \pm vf/c \times \cos\theta \qquad\qquad (3-1)$$

式中　v——移动台运动速度；

　　　f——工作频率；

　　　θ——到达接收点时的入射角。

当 $\theta = 0$ 时，Δf 称为最大多普勒频移：$\Delta f_{max} = \pm vf/c$

例如：当车速为 60 km/h，工作频率为 900 MHz 时，由公式可以计算出最大多普勒频移为 50 Hz。这就要求移动台具有良好的抗衰落能力。

4. 传播环境不断变化

移动通信的信道是变参信道。引起电波传播环境变化的因素有很多，主要因素是由于移动台处于移动状态，周围的地形、地物等总在不断变化等。另外，城市建设的不断变化对移动通信的电波传播环境也有影响。

5. 环境被电磁噪声污染

传播环境本身是一个被电磁噪声污染的环境，而且这种污染日益严重。电磁噪声污染包括由汽车点火系统、工业等电磁污染以及蓬勃发展的广播、无线通信的干扰等因素造成。

（三）无线电波传播的影响因素

1. 传播距离的影响

随着传播距离的增加，电磁波的能量会逐渐变小，信号强度逐渐变弱。

2. 地形地物的影响

地形主要包括开阔地、平地、丘陵、山区和水面等，重点描述地势的特点、中心海拔、主要河流及山脉等特殊地形。地物包括市区、郊区、乡镇、农村、交通干道等。一般地势开阔平坦的地形利于电磁波传播，乡镇和农村建筑较少也利于电磁波传播。

3. 建筑物和植被的影响

建筑物的材料类型、建筑物的密度以及地面的植被（森林、草原、农作物等）都会给电磁波的传播带来影响。一般钢筋水泥结构的建筑物比木质结构或砖瓦结构的建筑对电磁波传播的影响大，建筑密度越大影响越大，植被密集的地区对电磁波的传播影响也越大。

二、传播模型与应用

（一）传播模型的定义

传播模型是用来模拟电信号在无线环境中传播时的衰减情况的经验公式，估算出尽可能接近实际的接收点的信号场强中值，从而指导网络的规划工作。

（二）传播模型的种类

经过移动通信行业几十年的共同努力，目前形成了几种较为通用的电波传播路径损耗模型，每种模型的适用场合见表 3.2。

表 3.2   几中常用的传播模型

模型名称	适用场合
Okumura-Hata	适用于 900 MHz 宏蜂窝
Cost231-Hata	适用于 2 GHz 宏蜂窝
Cost231 Walfish-Ikegarmi	适用于 900 MHz 和 2 GHz 微蜂窝
Keenan-Motley	适用于 900 MHz 和 2 GHz 室内环境

目前在工程设计中，为了提高网络规划预测精度和效率，场强覆盖预测已很少进行人工计算，而采用规划软件由计算机辅助完成，规划软件将常用的各种实用传播模型输入计算机，当然也可以根据实测数据建立更符合当地实际情况的新模型，配合数字化地图，就可以对各种不同的传播环境进行场强预测。

三、电波传播信道

（一）信道的定义

信道即通信时传送信息的通道。通信过程中，信息需要通过具体的媒质进行传送，例如两人对话，靠声波通过两人间的空气来传送，因而二人间的空气部分就是信道；邮政通信的信道是指运载工具及其经过的设施；移动通信的信道就是无线电波传播所通过的空间。

信道又可分为有线信道和无线信道两类。有线信道包括明线、对称电缆、同轴电缆及光缆等。而无线信道主要有辐射传播无线电波的无线电信道和在水下传播声波的水声信道等。无线电信号由发射机的天线辐射到整个自由空间上进行传播，不同频段的无线电波有不同的传播方式，主要有地波传输、天波传输、视距传输等。

（二）信道相关的几个概念

1. 信道容量

信道容量是信道的一个参数，反映了信道所能传输的最大信息量，也可以表示为单位时间内可传输的二进制数的位数，即信道的数据传输速率，单位为 b/s。

2. 信道带宽

信道带宽是限定允许通过该信道的电磁波信号的下限频率和上限频率，也就是限定了一个频率宽度。比如 GSM 系统的某信道的下限频率为 890.2 MHz，上限频率为 890.4 MHz，则该信道的带宽为 0.2 MHz。

3. 呼叫话务量

话务量是用来描述用户使用电话的繁忙程度的量。

定义：每小时呼叫次数与每次呼叫的平均占用信道时间的乘积，如式（3-2）。

$$A = C \times T \tag{3-2}$$

式中 C —— 每小时的平均呼叫次数；

T——每次呼叫占用信道的时间（包括接续时间和通话时间），单位为小时（h）；

A——呼叫话务量，单位是爱尔兰（Erl）。

如果在 1 h 之内不断地占用一个信道，则其呼叫话务量为 1 爱尔兰。它是一个信道具有的最大话务量。

例如，设有 100 对线（中继线群）上平均每小时有 2 100 次占用，平均每次占用时间为 2 min，求这群中继线路上完成的话务量。

$$A = 2\ 100 \times 1/30 = 70\ \text{Erl}$$

4. 信道呼损率

在一个电话网络中，（由于用户数 > 信道数）不能保证每个用户的呼叫都是成功的。对于一个用户而言，呼叫中总是存在着一定比例的失败呼叫，简称为呼损，呼损率是指呼叫损失的概率，又称服务等级。

定义：呼损的话务量与呼叫话务量之比，如式（3-3）。

$$B = \Delta A / A \times 100\% \tag{3-3}$$

式中　ΔA——呼损的话务量，即总的话务量减去呼叫完成的话务量；

　　　　B——无线信道呼损率，在公众移动通信系统工程设计时，B 一般要求小于 5%。

任务三　无线组网技术

【技能目标】

（1）能分清各类蜂窝小区的应用场景。

（2）能准确界定各区域的范围。

【素质目标】

（1）培养学生善于分析解决问题的职业素质。

（2）培养学生努力学习、细心踏实的职业习惯。

一、移动通信网的体制

移动通信网的体制划分多种多样，按多址方式不同，可分为 FDMA、TDMA、CDMA、SDMA 等；按无线区域覆盖范围的大小不同，可分为大区制、小区制两种基本形式。这里重点从覆盖范围的大小这一角度进行介绍。

（一）大区制移动通信网络

1. 大区制的含义

大区制就是在一个服务区域（如一个城市）内只有一个基地站，并由它负责移动通信的联络和控制。

2. 大区制的结构与技术要求

大区制的结构如图 3-12 所示。通常为了扩大服务区域的范围，基地站天线架设得都很高，发射机输出功率也较大（一般在 200 W 左右），其覆盖半径一般为 30～50 km。但因为电池容量有限，通常移动台发射机的输出功率较小，故移动台距基地站较远时，移动台可以收到基地站发来的信号（即下行信号），而基地站却收不到移动台发出的信号（即上行信号）。为了解决两个方向通信不一致的问题，可以在适当地点设立若干个分集接收站（R），以保证在服务区内的双向通信质量。

在大区制中，为了避免相互间的干扰，在服务区内的所有频道（一个频道包含收、发一对频率）的频率都不能重复。譬如，移动台 MS1 使用了频率 f_1 和 f_2。那么，另一个移动台 MS2 就不能再使用这对频率了，否则将产生严重的相互窜扰。因而这种体制的频率利用率及通信的容量都受到了限制，满足不了用户数量急剧增长的需要。

3. 大区制的应用

大区制结构简单、投资少、见效快，所以在用户较少的地域，这种体制目前仍得到一定的运用。此外，根据我国具体情况，在开展移动通信业务的初期，由于用户较少，且主要集中在经济欠发达的县市范围，为节约初期工程投资，通常也按大区制设计考虑。但是，从远期规划来说，为了满足用户数量增长的需要，提高频率的利用率，就需采用小区制的办法。

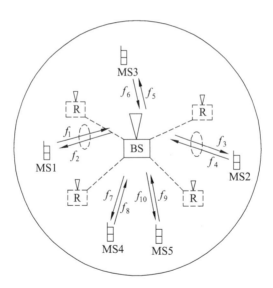

图 3-12　大区制移动通信示意图

（二）小区制蜂窝移动通信网络

1. 小区制的含义

小区制就是把整个服务区域划分成为若干个小区，每个小区分别设置一个基地站，负责本区移动通信的联络和控制。同时，又可在移动业务交换中心的统一控制下，实现小区之间移动用户通信的转接以及移动用户与市话用户的联系。

因此，采用小区制组网，整个移动网络的覆盖区可以看成是由若干正六边形的无线小区相互邻接而构成的自状服务区。由于这种服务区的形状很像蜂窝，我们便将这种系统称之为蜂窝式移动通信系统，与之相对应的网络称之为蜂窝式网络。

2. 小区制的结构与技术要求

小区制的整个服务区域划分成为若干个小区共同覆盖，每个小区各设一个小功率基地站，基地站天线架设得都比较高，发射功率一般为 5～10 W，以满足各无线小区移动通信的需要。

小区制的结构如图 3-13 所示，将整个服务区域一分为五，每人小区各设一个小功率基地站（BS1～BS5），发射功率一般为 5～10 W，以满足各无线小区移动通信的需要。且由于空间距离的存在，不同的基地站可以使用相同频率，譬如，移动台 MS1 在 1 小区使用的收发频率分别为 f_1 和 f_2 时，而在 3 小区的另一移动台 MS3 也可使用这对频率进行通信。这是由于 1 区与 3 区相距较远，且隔着 2、4、5 区，功率又小，所以使用相同频率也不会互相干扰。同理，不难看出，根据图 3-13 的情况，只需 3 对频率（即 3 个频道），就可与 5 个移动台通话。而原大区制要与 5 个移动台通话，必须使用 5 对频率。

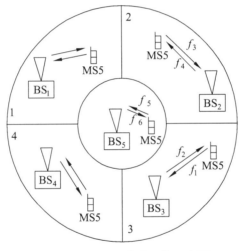

图 3-13　小区制移动通信示意图

很明显，小区制提高了频率的利用率，而且由于基地站功率减小，也使相互间的干扰减少了。但是这种体制使得在移动台通话过程中，从一个小区转入另一个小区的概率增加了，移动台需要经常地更换工作频道。无线小区的范围越小，通话中转换频道的次数就越多，这样对控制交换功能的要求就提高了，再加上基地数量的增加，建网的成本也高。

3. 小区制的应用

随着移动用户的发展，无线网络的扩容，由大区制变为小区制；移动户量数量较大时，也适合采用此方式组网，因此这种体制适用公共移动通信系统。

二、移动通信服务区

服务区是指移动台可以获得通信服务的区域。无线组网服务区的划分主要有带状服务区和面状服务区。

（一）带状服务区

1. 带状服务区的结构

所谓带状服务区是指无线电场强覆盖呈带状的区域，结构如图 3-14 所示。这种区域的划分能按照纵向排列进行，在业务区比较狭窄时基站可以使用强方向性的天线（定向天线），整个系统是由许多细长区域环接连而成。因为这种系统呈链状，故也称"链状网"。

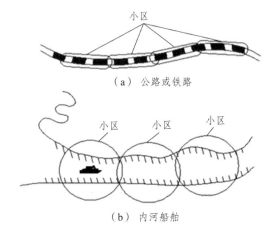

（a）公路或铁路

（b）内河船舶

图 3-14   带状服务区示意图

2. 带状服务区的应用

带状服务区主要应用于覆盖沿海区域或内河道的船舶通信、高速公路的通信和铁路沿线上的列车无线调度通信，其业务范围是一个狭长的带状区域。

（二）面状服务区

1. 面状服务区的结构

所谓面状服务区是指无线电场强覆盖呈宽广平面的区域，如图 3-15 所示。

在面状服务区中，其每个无线小区使用的无线频率不能同时在相邻区域内使用，否则将产生同频干扰。有时，由于地形起伏大，即使隔一个小区还不能使用相同的频率，而需要相隔两个小区才能重复使用。如果从减小干扰考虑，重复使用的频率最好是间隔三个或三个以上的小区为好，但从无线频道的有效利用和成本来说是不利的。

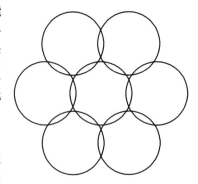

2. 构成小区的几何图形

由于电波的传播和地形地物有关，所以小区的划分应根据环境和地形条件而定。为了研究方便，假定整个服务区的地形地物相同。并且基站采用全向天线，它的覆盖面积大体

图 3-15   面状服务区结构图

上是一个圆，即无线小区是圆形的。又考虑到多个小区彼此邻接来覆盖整个区域时，用圆内接正多边形近似地代替圆。不难看出由圆内接多边形彼此邻接构成平面时，只能是正三角形、

正方形和正六边形，如图 3-16 所示。

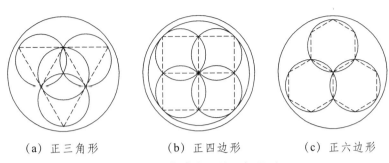

（a）正三角形　　　（b）正四边形　　　（c）正六边形

图 3-16　构成小区的几何图形

现将这三种面状区域组成的特性归纳见表 3.3。

由图 3-17 和表 3.3 比较可知，正六边形的中心间隔最大，覆盖面积最大，交叠区面积小，交叠区域距离、所需的频率个数最少。因此，对于同样大小的服务区域，采用正六边形构成小区制所需的小区数最少，由于交叠距离最小，将使位置登记等有关技术问题较易解决。由此可知，面状区域组成方式最好是正六边形，而正三角形和正方形因为重叠面积较大，一般不采用。

表 3.3　正多边形交叠区域的特性比较

小区特征＼小区形状	正三角形	正方形	正六边形
小区覆盖半径	r	r	r
相邻小区的中心距离	r	$1.41r$	$1.73r$
单位小区面积	$1.3r^2$	$2r^2$	$2.6r^2$
交叠区域距离	r	$0.59r$	$0.27r$
交叠区域面积	$1.2\pi r^2$	$0.73\pi r^2$	$0.35\pi r^2$
最少频率个数	6	4	3

三、蜂窝小区

（一）蜂窝小区的种类

1. 宏蜂窝小区

属于较大的无线小区。

1）覆盖要求

（1）基站覆盖半径大多为 1 ~ 25 km。

（2）基站的发射功率较大，一般在 10 W 以上。

（3）基站天线较高。

2）覆盖特征

（1）网络存在"盲点"。由于网络漏覆盖或障碍物阻挡，造成通信质量很差。

（2）网络出现"热点"。由于某些场所业务量过大，造成业务负荷的不均匀分布。

3）应用场合

（1）宏蜂窝覆盖半径大，一般应用于网络建设初期。

（2）一般话务量较少而地域广的地区也可以采用宏蜂窝，如边远山区、人口分布较少的农村地区等。

2. 微蜂窝小区

属于较小的无线小区。

1）覆盖要求

（1）基站覆盖半径大多为 30 ~ 300 m。

（2）基站的发射功率较小，一般在 1 W 以下。

（3）基站天线相对较低，位于地面 5 ~ 10 m。

2）覆盖特征

消除了网络中的"盲点"和"热点"。

3）应用场合

微蜂窝一般用于宏蜂窝覆盖不到或有较大话务量的地点，如地下会议室、娱乐室、地铁、隧道、购物中心、车站、医院等。

3. 微微蜂窝

属于更小的无线小区。

1）覆盖要求

（1）基站覆盖半径一般只有 10 ~ 30 m。

（2）基站发射功率更小，大约为几十毫瓦。

（3）天线一般装于建筑物内业务集中地点。

2）覆盖特征

消除了网络中的"盲点"和"热点"现象。

3）应用场合

主要用来解决人群密集的室内"热点"的通信问题，如商业中心、会议中心等。

4. 智能蜂窝

属于新型的蜂窝形式。智能蜂窝是指基站采用具有高分辨阵列信号处理能力的自适应天线系统。

1）覆盖要求

（1）上行链路采用自适应天线阵接收技术。

（2）下行链路将信号的有效区域控制在移动台附近半径为 100 ~ 200 波长的范围内。

2）覆盖特征

（1）上行链路降低多址干扰，增加系统容量。

（2）下行链路减小同道干扰，提高通信质量。

3）应用场合

智能蜂窝既可以是宏蜂窝，也可以是微蜂窝或微微蜂窝，适用于各种场合。

（二）基站激励方式

在各种蜂窝方式中，根据基站所设位置的不同有两种激励方式。

1. 中心激励方式

在设计时，若基站位于无线区的中心，则采用全向天线实现无线区的覆盖，这称为"中心激励"方式，如图 3 17（a）所示。

2. 顶点激励方式

若在每个蜂窝相同的三个角顶上设置基站，并采用三个互成 120°扇形覆盖的定向天线，同样能实现小区覆盖，这称为"顶点激励"方式，如图 3-17（b）所示。

由于"顶点激励"方式采用定向天线，对来自 120°主瓣之外的同信道干扰信号来说，天线方向性能提供一定的隔离度，降低了干扰。

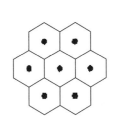 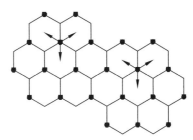

（a）中心激励方式　　　　　　（b）顶点激励方式

图 3-17　基站激励方式

（三）小区分裂

小区分裂是提升系统容量的措施之一。以上的分析是假定整个服务区的容量密度（用户密度）是均匀的，所以无线小区的大小相同，每个无线小区分配的信道数也相同。但是，就一个实际的通信网来说，各地区的容量密度通常是不同的。例如，市区密度高，市郊密度低。为了适应此种情况，对于容量密度高的地区，应将无线小区适当地划小一些，或分配给每个无线小区的信道数应多一些。当容量密度不同时，无线区域划分的一个例子如图 3-18 所示。图中的号码表示信道数。

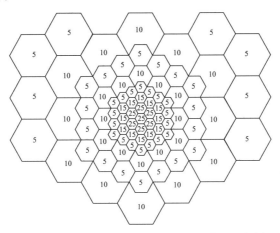

图 3-18　容量密度不同时无线区域划分的案例

考虑到用户数是随时间的增长而不断增长的，当原有无线区的容量密度高到出现话务阻塞时，可以将原无线区再细分为更小的无线区，以增大系统的容量和容量密度。其划分方法是：将原来有的无线区一分为三或一分为四，图 3-19 所示是一分为四的情形。

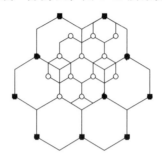

图 3-19　无线小区分解图示

四、区域定义

在小区制移动通信网中，基站设置很多，移动台又没有固定的位置，移动用户只要在服务区域内，无论移动到何处，移动通信网必须具有交换控制功能，以实现位置更新、越区切换和自动漫游等功能。

在数字移动通信系统中，以 GSM 网络为例，区域定义如图 3-20 所示。

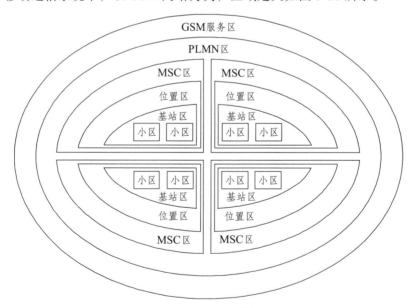

图 3-20　GSM 区域定义

（一）服务区

服务区是指移动台可获得服务的区域，即不同通信网（如 PLMN、PSTN 或 ISDN）用户无须知道移动台的实际位置而可与之通信的区域。

一个服务区可由一个或若干公用陆地移动通信网PLMN组成,可以是一个国家的一部分,也可以包含若干个国家。

（二）PLMN 区

PLMN 是由一个公用陆地移动通信网 PLMN 提供通信业务的地理区域。PLMN 可以认为是网络（如 ISDN 或 PSTN）的扩展,一个 PLMN 区可由一个或若干个移动业务交换中心 MSC 组成,在该区内具有共同的编号制度和共同的路由计划。MSC 构成固定网与 PLMN 之间的功能接口,用于呼叫接续等。

（三）MSC 区

MSC 是由一个移动业务交换中心所控制的所有小区共同覆盖的区域构成的 PLMN 网的一部分。一个 MSC 区可以由一个或若干个位置区组成。

（四）位置区

位置区是指移动台可任意移动但不需要进行位置更新的区域。位置区可由一个或若干个小区（或基站区）组成。为了呼叫移动台,可在一个位置区内所有基站同时发寻呼信号。

（五）基站区

位于同一基站的一个或数个基站收发信台 BTS 包括的所有小区所覆盖的区域,即为基站区。

（六）小区

采用基站识别码或全球小区识别码进行识别的无线覆盖区域,即为小区。采用全向天线时,小区即为基站区。采用定向天线时,小区即为扇区,一个基站区含有多个小区。

总之,无线区域的划分和组成应根据地形地物情况、容量密度、通信容量、有效利用频谱等因素综合考虑。尤其是当整个服务区的地形地物复杂时,更应根据实际情况划分无线区,先利用 50 万分之一（或百万分之一）的地形图作整体安排,初步确定基站位置及无线区大小,找出几种可能的方案,然后根据现场调查和勘测,以资比较。从技术、经济、使用、维护等几方面考虑,确定一个最佳的区域划分和组成方案。最后,根据无线区的范围和通信质量要求进行电波传播链路的计算。

五、移动通信编号计划

移动通信网络是复杂的,它包括无线网和核心网。为了将一个呼叫接至某个移动客户,需要调用无线网和核心网相应的实体。因此要正确寻址,编号计划就非常重要,下面我们介绍几种移动通信常用的编号号码。

（一）移动台 ISDN 号码（MSISDN）

MSISDN 号码是指主叫客户为呼叫数字公用陆地蜂窝移动通信网中客户所需拨的号码。MSISDN 号码的结构为：CC + NDC + SN

CC 为国家码，我国为 86。

NDC 为国内目的地码，即网络接入号，比如中国移动的 GSM 网为 139，中国联通的 GSM 网为 130。

SN 为客户号码，采用等长 7 位编号计划。

（二）国际移动客户识别码（IMSI）

为了在无线路径和整个移动通信网上正确地识别某个移动客户，就必须给移动客户分配一个特定的识别码。这个识别码称为国际移动客户识别码（IMSI），用于移动通信网所有信令中，存储在客户识别模块（SIM）、HLR、VLR 中。

IMSI 号码的结构为：MCC + MNC + MSIN

MCC 为移动国家号码，由 3 位数字组成，唯一地识别移动客户所属的国家，我国为 460。

MNC 为移动网号，由 2 位数字组成，用于识别移动客户所归属的移动网，中国移动的 GSM 网号为 00，中国联通的 GSM 网号为 01。

MSIN 为移动客户识别码，采用等长 11 位数字构成。唯一地识别国内移动通信网中的移动客户。

（三）移动客户漫游号码（MSRN）

被叫客户所归属的 HLR 知道该客户目前是处于哪一个 MSC/VLR 业务区，为了提供给入口 MSC/VLR（GMSC）一个用于选路由的临时号码，HLR 请求被叫所在业务区的 MSC/VLR 给该被叫客户分配一个移动客户漫游号码（MSRN），并将此号码送至 HLR，HLR 收到后再发送给 GMSC，GMSC 根据此号码选路由，将呼叫接至被叫客户目前正在访问的 MSC/VLR 交换局。路由一旦建立，此号码就可立即释放。这种查询、呼叫选路由功能（即请求一个 MSRN 功能）是 No. 7 信令中移动应用部分（MAP）的一个程序，在 GMSC – HLR – MSC/VLR 间的 No. 7 信令网中进行传递。

（四）临时移动客户识别码（TMSI）

为了对 IMSI 保密，MSC/VLR 可给来访移动客户分配 1 个唯一的 TMSI 号码，即为 1 个由 MSC 自行分配的 4 字节的 BCD 编码，仅限在本 MSC 业务区内使用。

（五）位置区识别码（LAI）

位置区识别码用于移动客户的位置更新，其号码结构是：MCC + MNC + LAC

MCC 为移动客户国家码，我国为 460，占 3 位数字。

MNC 为移动网号，同 IMSI 中的 MNC，占 2 位数字。

LAC 为位置区号码，为一个 2 字节 BCD 编码，共 16 bit。

（六）全球小区识别码（CGI）

CGI 是用来识别一个位置区内的小区，它是在位置区识别码（LAI）后加上一个小区识别码（CI），其结构是：MCC + MNC + LAC + CI

CI 是一个 2 字节 BCD 编码，共 16 bit，由各 MSC 自定。

（七）国际移动台设备识别码（IMEI）

唯一地识别一个移动台设备的编码，为一个 15 位的十进制数数字，其结构是：TAC + FAC + SNR + SP

TAC 为型号批准码，由欧洲型号认证中心分配，占 6 位数字。

FAC 为工厂装配码，由厂家编码，表示生产厂家及其装配地，占 2 位数字。

SNR 为序号码，由厂家分配，识别每个 TAC 和 FAC 中的某个设备，占 6 位数字。

SP 为备用，备作将来使用，占 1 位数字。

任务四　环境噪声和干扰

【技能目标】

（1）能分析给定的信道组是否存在三阶互调干扰。

（2）能针对各类干扰给出合适的对抗措施。

【素质目标】

（1）培养学生善于分析解决问题的职业素质。

（2）培养学生努力学习、细心踏实的职业习惯。

环境噪声和干扰是使通信性能变差的重要原因，为了保证接收质量，必须研究噪声和各种干扰对接收质量的影响，进而分析得出相应的对抗措施。

一、外部噪声及对抗措施

（一）环境噪声

移动通信的环境噪声大致分为自然噪声和人为噪声。自然噪声包括大气噪声、银河噪声、太阳噪声；人为噪声包括汽车及其他发动机点火系统噪声，通信电子干扰，工业、科研、医疗、家用电器设备干扰，电力线干扰。

人为噪声多属于冲击性噪声，大量的噪声混合在一起还可能形成连续的噪声或者连续噪声叠加冲击性噪声。由频谱分析结果可知，这种噪声的频谱比较宽，且强度随频率升高而降低。根据研究统计的数据，环境噪声对移动通信的影响如图 3-21 所示。图中，纵坐标用超过 kT_0B_r 的 dB 数表示，k 为玻尔兹曼常数，$k = 1.38 \times 10^{-23}$ J/K，T_0 为绝对温度，$T_0 = 290$ K，B_r 为接收机带宽，$B_r = 16$ kHz。从图中可见，人为噪声对移动通信的影响必须给予考虑，而自然的噪声则可以忽略。

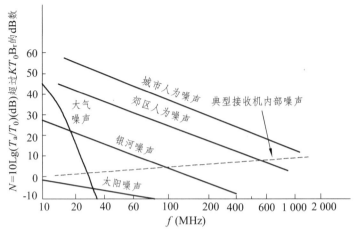

图 3-21　人为噪声的功率与频率的关系

（二）对抗措施

对陆地移动通信而言，最主要的人为噪声是汽车点火系统的火花噪声，为了抑制这种噪声的影响，可以采取必要的屏蔽和滤波措施，在接收机里采用噪声限制器和噪声熄灭器是行之有效的方法。

二、干扰及对抗措施

移动通信系统处在强干扰背景下工作，归纳起来有互调干扰、邻道干扰、同频干扰、码间干扰、多址干扰等形式。

（一）互调干扰及对抗措施

1. 互调干扰

互调干扰是当有多个不同频率的信号加到非线性器件上时，非线性变换将产生许多组合频率信号，其中的一部分可能落到接收机的通带内且有一定强度，对有用信号所形成的干扰。互调干扰是蜂窝移动通信系统中最主要的干扰形式。

产生互调干扰的条件是：存在非线性变化器件，使输入信号混频产生互调成分；输入信号频率必须满足其组合频率能落到接收机的通带内；输入信号功率足够大，能够产生幅度较大的互调干扰成分。

从互调干扰产生的条件可知，偶数阶的组合频率都远离有用信号的频率，不可能落到接收机的通带内，形成互调干扰。而奇数阶的组合频率就有可能落到接收机的通带内，形成互调干扰。在奇数阶互调干扰中，最主要的是三阶互调干扰，至于五阶或五阶以上的基数干扰由于能量很小，一般工程设计中，其影响可以忽略。

假设多信道移动通信网络中各无线电波信道频率和信道序号的关系由式（3-4）表示：

$$f_x = f_0 = C_x \cdot \Delta f \qquad\qquad （3-4）$$

式中，f_x 为无线电波信道频率；f_0 为起始频率；Δf 为信道间隔，而 C_x（1、2、…、n）是信道序号。因此各无线电波信道频率可以用信道序号表示。若有 n 个信道，则信道序列号为：C_1、C_2、…、C_i、…、C_j、…、C_k、…、C_n。

则产生三阶互调干扰的充分条件可以用式（3-5）表示：

$$\begin{cases} C_x = C_i + C_j - C_k \\ d_{ix} = d_{ki} \end{cases} \qquad (3\text{-}5)$$

式中，d 为信道序号差值，d_{ix} 则表示信道序号 C_i 和 C_x 的差值。

因此在具体判断某个预选的信道组之间是否存在三阶互调干扰关系时，只需要确定信道组中任意两信道序号有没有相同的差值即可，如果有相同的差值，则表示该信道组存在三阶互调干扰，如果没有相同的差值，则表示该信道组不存在三阶互调干扰。

【例】给定 1，3，4，11，17，22，26 信道，问是否存在三阶互调干扰?

解：根据三阶互调的充分条件，建立如图 3-22 所示的差值阵列法，其信道序号差值如该图所示，图中无相同差值，则表示 1，3，4，11，17，22，26 信道组成的信道组无三阶互调。

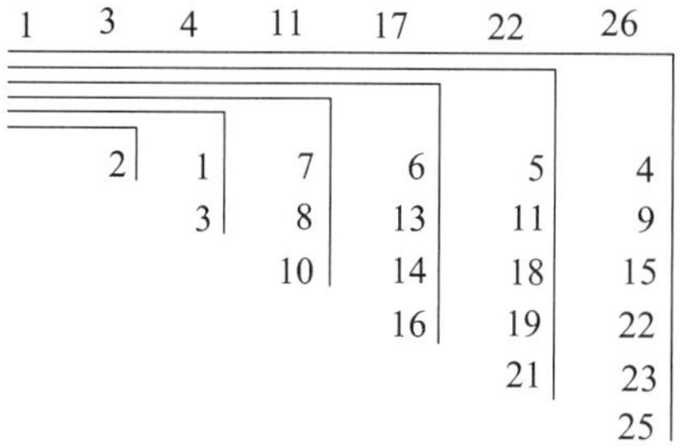

```
    1   3   4   11   17   22   26
    |   |   |   |    |    |    |
    2   1   7   6    5    4
        3   8   13   11   9
            10  14   18   15
                16   19   22
                     21   23
                          25
```

图 3-22　差值阵列法

根据产生三阶互调干扰的充分条件，确定的无三阶互调的信道组见表 3.4。

表 3.4　无三阶互调信道组

需用频道数	最少需占用频道数	无三阶互调信道序号							频道利用率
3	4	1	2	4					75%
4	7	1	2	5	7				57%
		1	3	6	7				
5	12	1	2	5	10	12			42%
		1	3	8	11	12			
6	18	1	2	9	13	15	18		33%
		1	2	5	11	16	18		
		1	2	5	11	13	18		
7	26	1	2	3	12	21	24	26	27%
		1	3	4	11	17	22	26	
		1	2	5	11	19	24	26	
		1	3	8	14	22	23	26	
		1	4	5	13	19	24	26	
		1	2	12	17	20	24	26	
		1	5	10	16	23	24	26	

由表 3.4 可见，当选择无三阶互调信道组工作时，在占用的频段内，只能使用一部分频道，因而频道利用率不高。而且，需用的频道数越多，频道利用率越低。

需要指出的是，选用无三阶互调信道组时，三阶互调产物仍然存在，只是不落到本系统的工作频道内而已，对本系统以外的系统仍然能够构成干扰。

2. 对抗措施

由于发射高频滤波器及天线馈线等元器件的接触不良，或拉线天线及天线螺栓等金属构件由于锈蚀而造成的接触不良，在发射机强射频场的作用下会产生互调，因此需要采取适当的措施加强维护，使部件接触良好，避免互调干扰的产生。

此外，在系统设计规划时，合理地分配频道，选择无三阶互调的信道组，合理设置基站布局和覆盖控制，就不会产生严重的互调干扰。

（二）邻道干扰及对抗措施

1. 邻道干扰

邻道干扰又叫邻频干扰，是一种来自相邻的或相近的频道的干扰，相近的频道可以是相隔几个频道。邻道干扰主要来自两个方面，一是由于工作频带紧邻的若干个频道的信号扩展超过限定的宽度，对相邻频道的干扰，即边带扩展干扰；二是由于噪声频谱很宽，部分噪声分量存在于与噪声频率邻近的频带内，即边带噪声干扰。

1）边带扩展干扰

边带扩展干扰是指信号频谱超出了限定的宽度，落到邻频道的干扰。在多频道工作的移动通信系统中，基站发信机的边带扩展对工作在邻频道的移动台接收机的干扰并不严重，即使当移动台靠近基站时，移动台接收到的有用信号也远远大于邻道干扰。此外由于收发双工频段间隔很大，移动台与移动台之间、基站收发信机之间的邻道干扰可以忽略不计。只有当移动台靠近基站时，移动台的边带扩展会对正在接收邻道微弱信号的基站接收机产生较大的干扰，如图3-23所示。

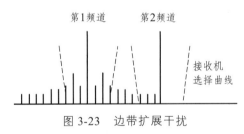

图 3-23　边带扩展干扰

2）边带噪声干扰

边带噪声主要来源于发射机本身，该噪声频率处于发信载频的两侧，且噪声频谱很宽，可能在数兆范围内对邻道信号的接收产生干扰，如图3-24所示。

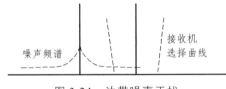

图 3-24　边带噪声干扰

2. 对抗措施

减少邻道干扰的措施主要有：

（1）提高中频滤波选择性。

（2）自适应地调整移动台发射功率。

（3）选用扩频通信方式。

（4）基站天线采用定向接收。

（5）从系统和设备上进行改良，减少发射机产生边带噪声等。

（三）同频干扰及对抗措施

1. 同频干扰

同频干扰就是指所有落到接收机通带内的与有用信号频率相同的无用信号的干扰，也称为同波道干扰或载波干扰。

这些无用信号和有用信号一样，在接收机中经放大、变频而落到中频通带内，因此只要在接收机输入端存在同频干扰，接收系统就无法滤除和抑制它。存在同频干扰的频率范围是 $f_0 \pm B_r/2$，f_0 为有用信号载波频率，B_r 为接收机中频带宽。

在移动通信中，为了增加系统容量，必须提高频率利用率，可以在不同的空间区域对相同频率进行重复使用。具体方法是可以将一组频道频率（频道组）分配给相隔一定距离的两个或多个小区使用。这些使用相同频率的小区叫作同频小区，同频小区之间存在同频干扰。自然地，同频小区之间距离越小，空间隔离度越小，同频干扰越大，但频率复用次数增加，频率利用率提高；反之，同频干扰可以减小，但频率利用率亦降低。因此两者要兼顾考虑，在进行蜂窝网的频率分配时，尽量提高频率利用率。对同频干扰和同频复用距离的研究是小区制移动通信网频率分配的依据。

同频道复用距离与以下因素有关：

（1）调制方式（调相或调频）。

（2）工作频率电波的传播特征。

（3）无线小区的半径。

（4）要求的可靠通信概率（通信可靠度）。

（5）选用的工作方式（单工或双工）。

2. 对抗措施

减少同频干扰的措施主要有：

（1）移动台发射功率采用自动控制。

（2）合理选择基站的位置，改进基站天线方向性，降低天线高度。

（3）发送同步信号，使各同频源发信频率同步，调制信号的相位一致。

（4）保持系统中各发信机调制频偏的一致和稳定。

（5）加强无线电频率资源管理，防止私设电台的现象发生。

（四）码间干扰及对抗措施

1. 码间干扰

在移动通信系统当中，数字传输的带宽是有限的，总存在数量不等的频率响应失真，如果有一个脉冲序列通过该带宽受限的实际系统，就会使脉冲展宽，从而产生符号重叠的现象，这就是码间干扰。码间干扰会产生两种影响：一是出现传输波形失真，二是叠加有干扰和噪声。

在移动通信环境中，由于传播时延Δ引起的码间干扰和信号传输速率及工作频率是无关的，传播时延受带宽限制和多径反射的影响。移动无线环境是无法改变的，必须通过其他技术措施来对付码间干扰。应用信号波形整形技术和使用均衡器能显著降低码间干扰。

如果信号传输速率相对较低，满足式（3-6）：

$$1/f_b >> \Delta \tag{3-6}$$

式中，f_b是信号传输速率，则传播时延的影响可以忽略。例如，在一个典型的郊区范围内，传播时延为 0.5 μs，信号传输速率为 16 kb/s，则 $1/f_b = 6.25$ μs，远大于传播时延Δ，故由于Δ引起的码间干扰可以忽略。

2. 对抗措施

减少码间干扰的措施主要有：

（1）尽量减少传输距离。

（2）当信号传输速率较低的时候，波形整形技术对码间干扰是有效的。

（3）在接收端，使用均衡器对接收的信号进行均衡，降低码间干扰。

（五）多址干扰及对抗措施

1. 多址干扰

在 CDMA 系统中，由于所有用户都使用相同频率和相同时隙的无线信道，用户之间利用地址码的不同来加以区分。但由于区分用户的地址码互相关性并不完全为 0，则用户彼此之间存在着干扰，我们称这类干扰为多址干扰。随着 CDMA 系统用户数的增加，因为地址码互相关性不为 0 所带来的多址干扰也会变大。

多址干扰产生的原因主要有两点：一是由于各用户使用的通信频率相同，在不同用户之间的扩频序列不能进行完全正交，即互相关系数不为零；二是即使扩频序列能正交，实际信道中的异步传输也会引入相关性。

由于 CDMA 系统是一个干扰受限系统，即干扰的大小直接影响系统容量，因此有效地克服和抑制多址干扰就成为 CDMA 系统中最关键的问题。

2. 对抗措施

（1）扩频码的设计。多址干扰产生的根源是扩频码间的不完全正交性，如果扩频码集能在任何时刻完全正交，那么多址干扰就会不复存在。但实际上信道中都存在不同程度的异步性，要设计出在任何时延上都能保持正交性的码集几乎是不可能的，因此需要设计者设计出一种尽可能降低互相关性的工程实用码型。

（2）功率控制。功率控制可以有效地减小远近效应的影响，降低多址干扰，但是不能从根本上消除多址干扰。

（3）前向纠错编码。利用编码的附加冗余度纠正因信道畸变而产生的错误比特判决，已成为提高通信质量的一个重要手段，对于纠正多址干扰引发的错误也同样有效。

（4）空间滤波技术。用智能天线对接收信号进行空域处理可以减小多址干扰对信号的影响，同时采用具有一定方向性的扇形天线也可以抑制除某一角度内的其他干扰，而提高系统性能。

（5）多用户检测技术。多用户检测理论和技术的基本思想是利用多址干扰中包含的用户间的互相关信息来估计干扰和降低、消除干扰的影响。

任务五　网络覆盖信号增强技术

【技能目标】
（1）能根据实际的弱覆盖场景制定直放站架设设计方案。
（2）能根据实际的室内场景制定室内分布系统设计方案。

【素质目标】
（1）培养学生善于分析解决问题的职业素质。
（2）培养学生团队协作意识和技术沟通的职业能力。

一、直放站

（一）直放站的定义

直放站属于同频放大设备，是指在无线通信传输过程中起到信号增强的一种无线电发射中转设备。

（二）直放站的作用

直放站的作用就是一个射频信号功率增强器。使用直放站作为实现"小容量、大覆盖"目标的必要手段之一，主要是由于使用直放站能在不增加基站数量的前提下保证网络覆盖，另外是其造价远远低于有同样效果的微蜂窝系统。

直放站是解决通信网络延伸覆盖能力的一种优选方案。它与基站相比有结构简单、投资较少和安装方便等优点，可广泛用于难于覆盖的盲区和弱区，如商场、宾馆、机场、码头、车站、体育馆、娱乐厅、地铁、隧道、高速公路、海岛等各种场所。

（三）直放站的组成与种类

直放站的结构主要由施主天线、低噪放大器、频段选择器、滤波器、功放和覆盖天线组成，如图 3-25 所示。

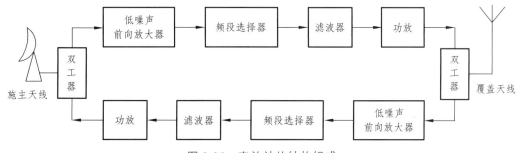

图 3-25　直放站的结构组成

根据直放站的构成不同，可以分为以下几种：

（1）同频直放站，下行从基站接收信号，经放大后向用户方向覆盖；上行从用户接收信号，经放大后发送给基站。为了限带，加有带通滤波器，如图 3-26 所示。

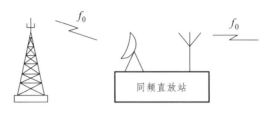

图 3-26　同频直放站工作方式

（2）选频式直放站：为了选频，将上、下行频率下变频为中频，进行选频限带处理后，再上变频恢复上、下行频率。

（3）移频传输直放站：将收到的频率上变频为微波，传输后再下变频为原先收到的频率，放大后发送出去，如图 3-27 所示。

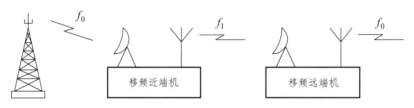

图 3-27　移频直放站工作方式

（4）光纤传输直放站：将收到的信号，经光电变换变成光信号，传输后又经电光变换恢复电信号再发出，如图 3-28 所示。

图 3-28　光纤直放站工作方式

（5）室内直放站：室内直放站是一种简易型的设备，其要求与室外型机是不一样的。

（四）直放站的应用

直放站为各种信号盲区提供良好的解决方案，其具体的应用有以下几种：

1. 公路的覆盖

某郊区一基站东侧，有一主要交通干道，在基站东侧 14 km 处安装一直放站，服务天线高度约 55 m。直放站服务天线的输出口接一个 3∶1 的功率分配器，分别接两个 16 dBi 的板状天线，信号小的天线向西辐射（指向基站），信号大的天线向东辐射。未装直放站时，直放站所在地信号在 −100 dBm 左右，通信时通时断，效果非常不好。直放站开通后，直放站西侧一段约 3 ~ 5 km 公路信号明显改善，直放站东侧使通信距离又延伸 8 ~ 10 km。

2. 郊区重点村镇居民区的覆盖

某一村镇离基站 5 ~ 6 km，由于该镇经济条件较好，手机用户较多。无直放站时，地面信号在 − 90 ~ − 95 dBm 左右，室外通信正常但无法保证室内通信。安装直放站后，服务天线在 30 m 高左右，采用全向天线，地面接收的基站信号电平提高约 20 dB，可以解决半径在 500 ~ 800 m 内的室内覆盖（指一般居民楼）。

3. "L"型覆盖

某一风景区位于山谷中，距离基站不到 4 km，但由于被山脉阻挡，手机根本无法工作。在山脉的尽头安装一直放站，由于直放站接收信号的方向和发射信号的方向成一定的角度，相当于基站的电波在直放站处转了一个弯。依靠山体的阻挡，直放站的施主天线和服务天线分别放在山体的两侧，隔离度很大，直放站的性能可以充分发挥，不但很好地解决了该风景区用户的通信问题，还使该基站的通信距离向山谷里延伸了 6 km。

4. 临时性会议地点的应急覆盖

某北京郊区某宾馆组织重要会议，由于信号较弱，在会议室和宾馆底层房间均不能通信。由于时间紧迫，在该宾馆安装闭路分布系统已不可能。经现场考察，在宾馆顶层信号较强，且信号单一，安装直放站不会引起导频混乱。服务天线放楼群中间，利用楼体的隔离可以有效地控制直放站的覆盖，因宾馆面积不大，直放站的增益设置较小，使直放站工作很稳定。直放站半天即安装完毕，马上收到效果，不但会议室内信号明显增加，而且地下室也可以正常通信。

5. 开阔地域的覆盖

人口分布较少的开阔地域是使用直放站进行覆盖的典型场合。当直放站采用全向天线时，只要有一定的铁塔高度，在直放站工作正常的情况下，3 km 内可以明显地感觉到直放站的增益作用。但距离超过 5 km 以后，直放站的增益作用就迅速消失，用手机进行基站接收信号电平测试，无论直放站是否工作，接收电平都没有明显变化。这是因为在平原开阔地区，房屋建筑和地形地貌造成的传输衰耗相对较小，而随空间距离的增加，电波按 $32.45+20\log f$（MHz）$+20\log D$（km）的规律衰减；即距离每增加一倍，电波衰减 6 dB。由此可见，想利用直放站组成大面积的覆盖是不现实的。当然，要想在局部方向获得较大的覆盖（如公路沿线），则必须有更高的铁塔和高增益的定向天线，这样可以在单一方向延伸覆盖 10 km 左右。

（五）直放站的优缺点

1. 直放站的优点

（1）同等覆盖面积时，使用直放站投资较低。

（2）覆盖更为灵活，一个基站基本上是圆形覆盖，多个直放站可以组织成多种覆盖形式。

（3）在组网初期，由于用户较少，投资效益较差，可以用一部分直放站代替基站。

（4）由于不需要土建和传输电路的施工，建网迅速。

2. 直放站的缺点

（1）不能增加系统容量。

（2）引入直放站后，会给基站增加约 3 dB 以上的噪音，使原基站工作环境恶化，覆盖半径减少。所以一个基站的一个扇区只能带两个以下的直放站工作。

（3）直放站只能频分不能码分，一个直放站往往将多个基站或多个扇区的信号加以放大。引入过多的直放站后，导致基站短码相位混乱导频污染严重，优化工作困难，同时加大了不必要的软切换。

（4）直放站的网管功能和设备检测功能远不如基站，当直放站出现问题后不易察觉。

（5）由于受隔离度的要求限制，直放站的某些安装条件要比基站苛刻的多，使直放站的性能往往不能得到充分发挥。

（6）如果直放站自激或直放站附近有干扰源，将对原网造成严重影响。由于直放站的工作天线较高，会将干扰的破坏作用大面积扩大。CDMA 是一个同频系统，周边的基站均有可能受到堵塞而瘫痪。

二、室内分布系统

（一）室内分布系统的定义

室内分布系统是针对室内用户群、用于改善建筑物内移动通信环境的非常有效的方案。其原理是利用室内天线分布系统将移动基站的信号均匀分布在室内每个角落，从而保证室内区域拥有理想的信号覆盖。

（二）室内分布系统的作用

1. 覆盖方面
解决盲区覆盖，由于建筑物自身的屏蔽和吸收作用，造成了无线电波较大的传输衰耗，形成了无线信号的弱场强区甚至盲区。

2. 容量方面
解决局部无线话路拥塞问题，建筑物诸如大型购物商场、会议中心，由于无线市话使用密度过大，局部网络容量不能满足用户需求，无线信道发生拥塞现象；

3. 质量方面
有效解决掉话问题，建筑物高层空间极易存在无线频率干扰，服务小区信号不稳定，出现乒乓切换效应，话音质量难以保证，不时出现掉话现象。

（三）室内分布系统的组网方式

1. 无源分布式室内覆盖系统
无源分布式系统通过无源分配器件，将微蜂窝信号分配至各个需要覆盖的区域。

光无源器件是光纤通信设备的重要组成部分，也是其他光纤应用领域不可缺少的元器件。具有高回波损耗、低插入损耗、高可靠性、稳定性、机械耐磨性和抗腐蚀性、易于操作等特点，广泛应用于长距离通信、区域网络及光纤到户、视频传输、光纤感测等。

2. 电+无源混合分布式室内覆盖系统
对于高大楼宇建筑，可采用基站接口单元，将基站信号接入后，通过电缆传输至各个需要覆盖的区域，但是电缆传输损耗大，在距离基站较远处，信号可能非常弱，所以在远端通过干线放大器产品，将信号放大后，再通过天线输出。

3. 光纤+电+无源混合分布式室内覆盖系统

对于大型的建筑，传输距离长，为了尽可能地减少传输损耗，我们采用光纤传输信号。光纤的传输损耗是 2 dB/1 000 m，此外光纤重量轻，体积小便于施工，所以在远距离传输时会考虑引入光纤分布系统。但是光纤价格昂贵，动态范围较小，且远端需要供电，维护起来也不如无源系统简单，故此在具体使用时我们常采用光电混合分布方式：在微蜂窝处安装光纤端机，取微蜂窝信号，通过光纤传输至安装在远处的光端机，再通过馈线和天线将信号输出。在微蜂窝附近采用无源方式，用馈线直接引用基站信号；距离微蜂窝较远的地方采用干线放大器，将信号放大后使用。

（四）室内分布系统的应用

1. 商场超市

商场超市的场景特点为：

（1）单层面积大，路损相对较大。

（2）主要是话音业务。

（3）层间距较大。

由于商场超市的层高比较高，层内比较通透，可适当提高天线口功率，以减少天线数量，且每个通道覆盖一个楼层，如图 3-29 所示。

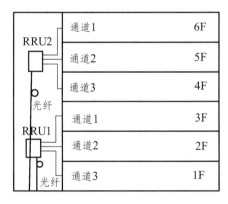

图 3-29　商场超市分布式系统解决方案

2. 会展中心和室内体育场

会展中心和室内体育场的场景特点为：

（1）单层面积较大。

（2）层间距较大，可达 6 ~ 10 m。

（3）层数少（1 ~ 2 层）。

（4）短期内用户激增。

由于会展中心和室内体育场层高较高，层内比较通透，可适当提高天线口功率，以减少天线数量，且天线分散设置在室内四周，如图 3-30 所示。

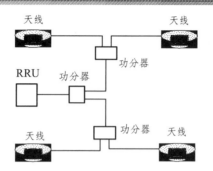

图 3-30　会展中心和室内体育场（单层）分布式系统解决方案

3．宾馆酒店

宾馆酒店的场景特点为：

（1）房间多，对称分布。

（2）楼层多。

由于宾馆酒店楼层较多，且各楼层的格局基本一致，每层的覆盖要求也基本一致，如图 3-31 所示。

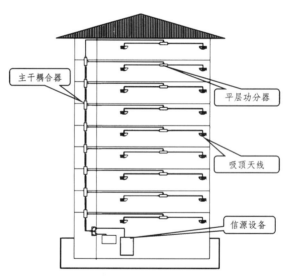

图 3-31　宾馆酒店分布式系统解决方案

任务六　基站防雷与接地技术

【技能目标】

（1）能指出雷电入侵基站的途径。

（2）能完成基站防雷接地建设的规范化督导。

【素质目标】

（1）培养学生善于分析解决问题的职业素质。

（2）培养学生团队协作意识和技术沟通的职业能力。

在 2G、3G 移动通信网络的运行维护和 4G 移动通信网络的建设过程中，基站的雷电防护是重要的一环。移动通信网络的基站，分为城区站、城郊站和高山站，其通信天线一般都由金属塔支撑。由于机房所处地势也较高，通信杆塔容易成为雷电对地放电的接闪通道，从而导致基站设备容易遭受雷击，并呈逐年上升趋势。因此，加强移动通信基站的防雷安全建设，减少雷击灾害损失，就显得十分重要。

一、雷电入侵移动通信基站的途径

当移动通信基站遭受雷击时，雷电危害入侵基站途径主要有直击雷入侵和感应雷入侵。根据遭受雷击的基站现场勘察得出，感应雷入侵是最主要的原因，具体包括以下几个途径。

（一）经过交流电源线引入

目前通信基站的交流电源引入大都采用架空的方式，当电力电缆附件发生雷击时，直接使电力电缆周围产生强大的电磁场，感应出雷电过电压并会沿着电力电缆进入基站，损坏机房的用电设备。因此，交流电源电力电缆进入基站前，电缆的铠装护套未接地或接地不当以及机房配电箱未加装一级防雷箱等，都有可能带来雷电过电压的侵害。

（二）经过天馈线引入

当基站铁塔遭受雷击时，铁塔上会出现很高的雷电过电压，相应地会在天馈线上感应较高的雷电过电压。若天馈线在进入基站前未接地处理或接地不当，天馈线上感应出的雷电过电压就会沿天馈线窜入基站进而损坏设备。

（三）经过传输光缆的加强筋引入

当有雷击发生时，露天架空敷设的传输光缆由于光缆加强筋的存在很容易感应上雷电过电压。若传输光缆进入基站前对其加强筋末端的处理不当，加强筋上感应出的雷电过电压会沿着光缆进入基站，很容易造成加强筋在机柜内部对导体拉弧放电，进而损坏通信设备。

（四）经过基站内设备接地端口引入

当雷电流沿基站附近的避雷器对地泄流时，由于接地电阻的存在引起基站的地电位升高，会对基站内部设备产生反击的现象。若基站内设备接地不当，设备的接地线过长，便在接地线上感应出较大的感应过电压对设备进行破坏。此外，一级防雷箱的接地线过长，在泄流到大地中，使得地电位迅速抬升，击坏基站机房内通信设备，也是引发雷击的一个原因。

二、防雷接地系统及工程规范

移动基站防雷接地系统总体上由"一针一网两地排，三线入地三线进局"组成。

（一）一针

即1根避雷针，其作用是从被保护物体上方引导雷电流通过，并安全泄入大地，防止雷电直击，减小其保护范围内的设备和建筑物遭受直击雷的概率。基站天线和机房应在避雷针的45°角保护范围之内，如图3-32所示。

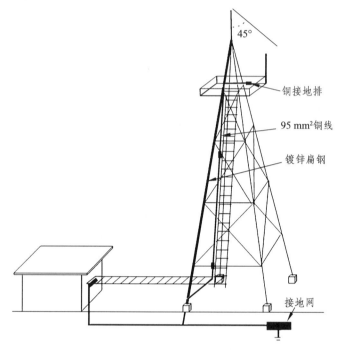

图 3-32　避雷针保护基站天线和机房

（二）一网

即1个联合地网，其作用是使基站内各建筑物的基础接地体和其他专设接地体互联互通形成一个公用地网，如图3-33所示。

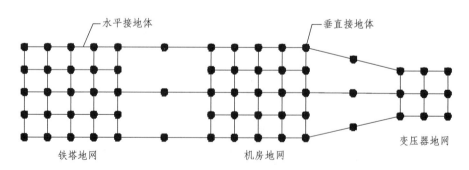

图 3-33　联合地网组成

（1）基站地网接地地阻建设时要求控制在5Ω以内，对于年雷暴日小于20 d的地区，接地电阻值可小于10Ω。

（2）基站机房地网与铁塔地网和变压器地网在地下必须通过不少于两个连接点焊接连

通，地网之间超过 30m 距离可不连通。地网网格不大于 3 m × 3 m，埋深不小于 0.7 m。接地体均采用热镀锌钢材，垂直接地体采用 50 mm × 50 mm × 5 mm 角钢，水平接地体采用 40 mm × 4 mm 扁钢。垂直接地体长度宜为 1.5 ~ 2.5 m，垂直接地体之间的间距一般为自身长度的 1.2 ~ 1.5 倍。

（3）机房地网应沿机房建筑物散水外设环形接地装置，同时还应利用机房建筑物基础横竖梁内两根以上主钢筋共同组成机房接地网。

（4）对于利用商品房作机房的移动通信基站，应尽量找出建筑防雷接地网或其他专用地网，并就近再设一组地网，三者相互在地下焊接连通，有困难也可以在地面上可见部分焊接成一体作为机房地网。找不到原有地网时，应就近设一组地网。铁塔应与建筑物避雷带就近两处以上连通。

（5）当铁塔位于机房旁边时，铁塔地网应延伸到塔基四脚外 1.5 m 远的范围，其周边为封闭式；同时还要利用塔基地桩内两根以上主钢筋作为铁塔地网的垂直接地体。

（6）地面铁塔四个脚均要连接地网。

（7）当通信铁塔位于机房屋顶时，铁塔四脚应与楼顶避雷带就近不少于两处焊接连通，同时宜在机房地网四脚设置辐射式接地体，以利雷电散流。

（8）在不了解大楼设计及施工情况时,不能利用机房内建筑钢筋作接地引入。

（9）在可能的情况下，接地网应与大楼水管、排污管等可靠连接。

（10）接地系统所有焊点均应做好防锈处理。

（三）两地排

即 2 个接地排：避雷排、工作保护地排。

（1）在大楼接地系统可靠的前提下，天线支撑抱柱、馈线走线架等各种金属设施，应就近分别与屋顶避雷带可靠连通，否则，均应连接至室外避雷排。为安全考虑，楼顶抱杆的防雷接地应尽可能使用 40 mm（宽）× 4 mm（厚）的热镀锌扁钢。

（2）机房内走线架、槽钢、配电箱、电池架等均应与工作保护地排连接。

（3）接地排的铜排应有足够的孔洞，为防止氧化，铜排需镀铬或镀锡。避雷排应靠近馈线窗用绝缘子安装于墙面，位置不得高于此处馈线接地点。

（四）三线入地

即 3 个接地引下线（避雷针接地引下线、避雷地排接地引下线、保护地排接地引下线）正确入地。

（1）避雷针接地引下线：通过 40 mm（宽）× 4 mm（厚）的热镀锌扁钢将避雷针接地引下线连接到联合地网上，要求远离机房侧、远离馈线爬梯，沿铁塔角向下敷设。

（2）避雷地排引下线接地点和工作保护地排引下线接地点要远离塔角，3 个接地引下线入地点在地网上相互距离尽量间隔 5 m 以上。

（3）避雷地排接地引下线和工作保护地排引下线的入地连接点必须与地网可靠焊接，与地排可靠连接。

（4）接地引下线长度不宜超过 30 m，并应作防腐、绝缘处理，并不得在暖气地沟内布放，埋设时应避开污水管道和水沟。

（5）接地线宜短、直，不要有回弯或向上拐弯。

（五）三线进局

即3类引入线（电力线、馈线、光缆）正确引入机房。

1. 基站电力线

（1）电力线引入在条件允许情况下采用直埋方式（穿管或采用铠装电缆），直埋长度不少于15 m，钢管或电缆金属护套两端应就近可靠接地。

（2）设备电源线、控制线应采用绝缘阻燃软电缆，零线应直接接地。

（3）在基站交流电源进线处和开关电源交流引入端之间安装多级SPD，实现多级防护，逐级限压，达到供电线防雷的目的。

2. 传输线

（1）传输线的加强芯在终端杆处必须接地。

（2）传输线进出机房必须采用直埋的方式，埋设必须规范。

（3）传输光缆进机房前，统一采用在馈线窗口处切断光缆加强芯及金属屏蔽层，将光缆加强芯及金属屏蔽层断开处的远端接至避雷地排，进机房端的光缆加强芯及金属屏蔽层不再接地。

3. 天馈线

（1）架设有独立铁塔的馈线应采用截面积不小于 10 mm^2 的多股铜线分别在天线处、离塔处、馈线窗入口处就近接地。

（2）当馈线长度大于60 m时，在铁塔中部增加一个接地点。

（3）馈线接地线的馈线端要高于接地排端，馈线与接地线接头朝下，接头紧密，走线要朝下。

（4）接地线与馈线的连接处一定要做好防水处理。

（5）馈线接地处水平走线时要求有明显的回水弯，地线最低点要低于接地点 10 cm，垂直走线不要求有回水弯。

（6）要求在机房入口馈线头处安装避雷器，避雷器的接地线采用 $\geqslant 10 \text{ mm}^2$ 的多股铜芯导线接至集线器，集线器采用 $\geqslant 35 \text{ mm}^2$ 的多股铜芯导线接至避雷地排。

三、防雷技术新探索

雷击放电是影响通信服务可靠性的重要因素，也得到了大家的广泛关注，探讨科学有效的雷击防护十分重要。针对移动通信基站建设采取的一些防雷接地措施，能一定程度地避免基站遭受雷击影响与破坏，但每年仍有部分基站遭受雷击损坏。科学有效防雷是一项复杂的系统工程，在现有的防护基础上，需采取适当的新的保护设备措施增强防雷的能力。

（一）传统防雷技术

传统防雷技术一般采用并联式防雷，常用的保护器件在保护中的损坏均呈短路状态，将出现保护网络的失效导致系统的"失效"状态，为了避免这种情况，保护器件需要有巨大的能量吸收能力，需要巨大的成本（最大雷击能量为 200 kA），通用的并联型保护设备，检测的残压为系统要求的残压值，而在工程安装中不可避免地出现引线和接地线过长，且线路残压很高，导致线路和保护设备串联后的总残压远远大于系统残压，从而出现"保护器不动作或者即使动作也发生设备损坏"。

（二）防雷技术新探索

1. 采用串联式网络

而在串联网络防护中，反射网络不需要吸收能量，不存在因为雷击能量过大而损坏，只出现串联的负载过大的损坏情况，这可以根据不同的负载选择不同的负载容量避免；同保护设备呈串联关系，雷击电压也因等效阻抗的串联关系分压，绝大部分浪涌电压分配在保护网络上，使被保护设备上存在很小浪涌电压，使保护可以阻断双向浪涌电压，实现两侧网络的保护。

2. 系统整体防护

在整体防护的基础上，对整个网络进行全面分析，找出网络间、设备间、端口间的关系，从而实现系统全面的防护，该防护主要在端口防护的基础上解决了网络间的传导抑制问题，目前主流的发展趋势是实施分离式接地技术"和"途径保护技术"，在联合接地网的基础上引入相应的防护设备，对防雷接地、工作接地、保护接地三种途径进行分离，对雷电冲击通道上的雷电流传播切断，彼此独立，互不干扰，保护地电位不受雷电流的影响，改善移动基局站系统的稳定性。

过关训练

一、单选题

1. 360 km/h 车速，3 GHz 频率的多普勒频移是多少 Hz？（　　）

　　A. 100　　　　　　　B. 300　　　　　　　C. 360　　　　　　　D. 1 000

2. 机械下倾的一个缺陷是天线后瓣会（　　），对相邻扇区造成干扰，引起近区高层用户手机掉话。

　　A. 上翘　　　　　　　B. 下顷　　　　　　　C. 变大　　　　　　　D. 保持不变

3. 增大下倾角是必要的网规手段，可以（　　）覆盖范围，（　　）小区间干扰。

　　A. 减小，减少　　　B. 减小，增大　　　C. 增大，减少　　　　D. 增大，增大

4. MCC 指（　　），MNC 指（　　）。

　　A. 移动国家码，移动国家网络码　　　　　B. 移动国家网络码，移动网络码

　　C. 移动国家码，移动网络码　　　　　　　D. 移动网络码，移动国家码

5. 驻波比是（　　）。

　　A. 衡量负载匹配程度的一个指标　　　　　B. 衡量输出功率大小的一个指标

　　C. 驻波越大越好，机顶口驻波大则输出功率就大

　　D. 与回波损耗没有关系

6. 由于阻挡物而产生的类似阴影效果的无线信号衰落称为（　　　）。

A. 快衰弱　　　　　B. 慢衰弱　　　　　C. 多径衰弱　　　　　D. 路径衰弱

7. 天线水平半功率角指天线的辐射图中低于峰值（　　）dB 处所成夹角的宽度。

A. 2　　　　　　　B. 3　　　　　　　C. 4　　　　　　　D. 5

8. 中国的移动国家码 MCC 为（　　　）。

A. 460　　　　　　B. 86　　　　　　C. 420　　　　　　D. 640

9. 天线的方位角以（　　　）方向为 0 度。

A. 东　　　　　　B. 南　　　　　　C. 西　　　　　　D. 北

10. 天线的输入阻抗为（　　　）。

A. 50 Ω　　　　　B. 100 Ω　　　　　C. 150 Ω　　　　　D. 500 Ω

二、多选题

1. LAI（Location Area Identification，位置区）是由什么组成的？（　　　）

A. MCC　　　　　B. MNC　　　　　C. LAC　　　　　D. CI

2. 无线电波传播的主要形式是（　　　）。

A. 直射波　　　　B. 反射波　　　　C. 绕射波　　　　D. 散射波

3. 调整天线下倾角可以改变（　　　）。

A. 发射功率　　　　　　　　　　　B. 覆盖半径

C. 干扰水平　　　　　　　　　　　D. 基站接收灵敏度

4. 天线的功能主要有哪些？（　　　）

A. 将高频的电信号以电磁波的形式朝所需要的方向辐射到天空中

B. 在空中接收到能量很微弱的电磁波并转换成高频电信号

C. 放大电磁波信号

5. 基站天线按照辐射方向可以分为（　　　）。

A. 全向天线　　　B. 定向天线　　　C. 单极化天线　　　D. 双极化天线

6. 基站天线按照下倾角调整方式可以分为（　　　）。

A. 机械天线　　　B. 美化天线　　　C. 电调天线　　　D. 极化天线

7. 天线的双极化方式有（　　　）。

A. 垂直极化　　　B. 水平极化　　　C. 垂直水平极化　　　D. ±45°极化

8. 在基站密集的高话务密度区域，应该尽量采用（　　　）。

A. 双极化天线　　　B. 单极化天线　　　C. 机械天线　　　D. 电调天线

9. 无线电波的传播方式有哪些？（　　　）

A. 表面波传播　　　B. 天波传播　　　C. 直射传播

D. 散射传播　　　E. 外层空间传播

10. 带状服务区主要应用于哪些场景？（　　　）

A. 沿海区域　　　B. 大陆内河道　　　C. 高速公路沿线　　　D. 铁路沿线

三、判断题

1. 楼面站天线的挂高是指天线到楼面的高度。（　　　）

2. 电调天线改变下倾角后天线的方向图变化不大。（　　　）

3. 天线的增益是用来衡量天线对信号放大的能力。（　　　）

4. 天线的极化方向，是指天线辐射时形成的电场强度方向。（ ）

5. 天线的驻波比要求小于 1.5。（ ）

6. 定向站一般采用中心激励方式。（ ）

7. 小区分裂是提升系统容量的措施之一。（ ）

8. 位置区是指移动台可任意移动但不需要进行位置更新的区域。（ ）

9. 抑制人为噪声的影响，可以采取必要的屏蔽和滤波措施。（ ）

四、问答题

1. 移动终端的天线应当具备哪些特点？

2. 互调干扰的对抗措施有哪些？

3. 邻道干扰的对抗措施有哪些？

4. 同频干扰的对抗措施有哪些？

5. 码间干扰的对抗措施有哪些？

6. 多址干扰的对抗措施有哪些？

7. 直放站有什么作用？可以分为哪几种类型？

8. 室内分布系统有什么作用？

9. 雷电入侵基站的途径有哪些？

10. 基站防雷接地系统由哪些部分组成？

项目四　移动通信特有的控制技术

【问题引入】

移动通信与固定通信最大的不同在于移动通信用户在通信过程中的位置不受限制。由于移动通信用户的移动性，使得移动通信系统必须具备固定通信系统所没有的特有控制技术，如位置登记/更新、切换、漫游等。如何完成位置/更新、切换、漫游的一系列控制处理，这些都是本项目需要涉及和解决的问题。

【内容简介】

本项目介绍了移动通信中位置登记/更新、切换和漫游的模式及实现过程。其中位置登记/更新、切换和漫游的实现为重要任务内容。

【项目要求】

识记：位置登记/更新、切换、漫游的含义，位置登记/更新、切换的分类。

领会：位置登记/更新涉及的码，切换执行的原则，漫游相关的数据。

应用：位置登记/更新、切换、漫游的实现过程。

任务一　位置登记与更新

【技能目标】

（1）能认识位置登记/更新中相关识别码的作用和组成。

（2）能区别各种位置登记/更新的不同。

（3）能准确分析位置登记/更新的流程。

【素质目标】

（1）培养学生全程全网（通信全过程，通信全网络）的意识。

（2）培养学生细心踏实，善于分析问题的职业精神。

一、位置登记的模式描述

（一）手机空闲模式的三种行为

手机在空闲模式下的行为包括PLMN选择/重选、小区的选择/重选和位置登记/更新三种。

PLMN选择：手机开机后首先选择一个PLMN。

小区选择：选择了PLMN后，就开始选择属于这个PLMN的小区，找到符合驻留条件的小区后，手机就驻留在这个小区。

位置登记：接着手机发起位置登记过程用以通知网络侧自己的状态。

小区重选：手机从驻留小区的系统消息广播中获悉邻小区表，监测驻留小区和邻小区的信号变化情况，以便进行驻留小区重选，保证手机驻留于信号较好的小区。

位置更新：重选时如果选到其他 LAC 的小区，手机就发起位置更新，通知网络新的位置信息。如果位置更新不成功，手机就要进行 PLMN 重选。

（二）位置登记/更新的定义

所谓位置登记/更新是通信网为了跟踪移动台的位置变化，由移动台向网络报告自己的位置信息，网络对其位置信息进行登记或更新的过程。

通过位置登记/更新，网络可以知道移动台的位置、等级和通信能力；网络可以确定移动台在寻呼信道的哪个时隙中监听；网络可以能够有效地向移动台发起呼叫。

（三）位置登记/更新涉及的识别码

1. 位置区识别码 LAI

LAI 由移动国家号 MCC、移动网络号 MNC 和位置区号 LAC 三部分组成。其中，MCC 由 3 位十进制数字组成，它表明移动用户（或系统）归属的国家，例如中国的 MCC 为 460；MNC 由 2 位十进制数组成，用以唯一地表示国内的某个 PLMN，例如中国移动的 GSM 网号为 00，中国联通的 GSM 网号为 01，中国电信的 CDMA 网号为 03；LAC 由 16 位二进制数组成，用于标识 PLMN 中的一个位置区域。

2. 国际移动用户识别码 IMSI

IMSI 是国际上为了唯一识别一个移动用户所分配的号码，一般在入网和 TMSI 更新失败时使用，存储在 SIM 卡、HLR 和 VLR 中。

IMSI 由移动国家号 MCC、移动网络号 MNC 和移动用户识别号 MSIN 三部分组成。其中，MSIN 由 10 位十进制数组成，例如中国移动某一用户的 IMSI 为 460-00-4777770001。

3. 临时移动用户识别码 TMSI

TMSI 是为了防止非法监听无线信号中的信令消息而窃得移动用户真实的 IMSI 或跟踪移动用户的位置，由 MSC/VLR 分配，并不断进行更换，TMIS 在当前 VLR 所管辖的范围内是唯一的。网络寻呼用户时候，就会使用 TMSI 进行呼叫。

TMSI 由 32 位二进制数组成，但 32 位二进制数不能全部为 1，全 1 时表示 TMSI 无效。

（四）位置登记/更新的分类

1. 开机位置登记（位置区登记）

如果移动台是首次开机，那么只要移动台一开机，即可从广播信道上搜索到位置区识别码，并将它提取出来，存储在移动台的存储器中。

如果移动台在关机后在原来所在的位置区重新开机，那么移动台进行位置登记（即 IMSI 可及）。

如果移动台是关机后改变了所在位置区，那么移动台开机后将进行的是位置更新。

2. 关机位置登记

当关机时，移动台不会马上关掉电源，而是由移动台先向网络发出关机指令，直到关机位置登记（即 IMSI 不可及过程）完成之后移动台才真正关掉电源。注意，关机位置登记只有移动台在当前服务系统中已经位置登记过才进行。

3. 常规性位置更新

当移动台开机后或在移动过程中，收到的位置区识别码与移动台存储的位置区识别码不一样时，就会发出位置更新请求，并通知网络更新该移动台的新的位置区识别消息。同时，移动台到一个新位置区后，需要为其在当前 VLR 重新登记并从原来 VLR 中删除该移动台的有关信息（位置删除）。

常规位置更新又分为两种情况：

1）移动台在 VLR 内不同位置区的位置更新

由于在同一 VLR 内进行位置更新，VLR 能识别用户旧的 TMSI，仅需在 VLR 中更新存储新的 LAI，不需要通知 HLR，并重新分配 TMSI。

2）移动台跨越不同 VLR 的位置更新

当移动台从一个旧 VLR 移动到一个新 VLR 所管辖的区域时（就是通常所说的漫游），移动台仍以旧的 TMSI 识别自己，新的 VLR 不认识旧 TMSI，此时新 VLR 根据旧 LAI 推导出旧 VLR，并向旧 VLR 获取用户的 IMSI，若新 VLR 不能根据 LAI 推导出 VLR，则直接向用移动台获取 IMSI。新的 VLR 取得用户的 IMSI 之后，再根据 IMSI 通知用户归属地的 HLR 进行位置更新，HLR 通知旧 VLR 删除移动台原来的位置信息。新 VLR 继续对移动台进行鉴权，并为用户重新分配 TMSI。

4. 周期性位置更新

周期性位置更新就是使处于待机状态且位置稳定的移动台以适当的时间间隔周期性地进行位置更新。

周期性位置更新的好处在于除保证系统能经常掌握移动台的状态外，当移动台关机而系统一直没有收到 IMSI 不可及的消息时，系统不会对移动台不断地进行寻呼。

二、位置更新的实现过程

一般来说 VLR 的设置总是跟 MSC 一一对应的，即由一个 MSC 控制的区域会有一个 VLR 数据库，其中记录所有目前处在此 MSC 控制区内的 MS 的位置情况。而 HLR 则是 MS 开户的时候登记的数据库，无论 MS 漫游到什么地方，新的 VLR 都需要向 HLR 进行位置更新，从而使 HLR 始终知道 MS 目前处于哪个 MSC/VLR 里。这样做的目的，是方便呼叫一个处于漫游状态的用户。

当要呼叫一个漫游状态的用户的时候，呼叫建立过程中，主叫的 MSC/VLR（在固定打移动时，则是 GMSC）会根据被叫的手机号码查询被叫用户的 HLR，从而得到目前被叫所在的 MSC/VLR，从而在主叫的 MSC 和被叫 MSC 之间建立有线的链路。因此，位置更新操作是呼叫能够正常建立的重要前提。

一次完整的位置更新过程一般可以分为以下四个步骤：

（1）用户发出位置登记请求和建立登记的过程。

（2）完成鉴权、确认的过程。

（3）用户数据登记、更新及通知用户的过程。

（4）位置更新的用户还需要删除更新前位置区中该用户数据。

在蜂窝移动通信系统中，目前应用广泛的是一种基于跨位置区的位置更新和周期性位置更新相结合的方法共同实现位置跟踪，具体要根据移动台移动情况和无线传输环境来确定。

【例】说明不同 MSC/VLR 业务区间的位置更新过程。

解：如图 4-1 所示，不同 MSC/VLR 业务区间的位置更新包括如下四个过程。

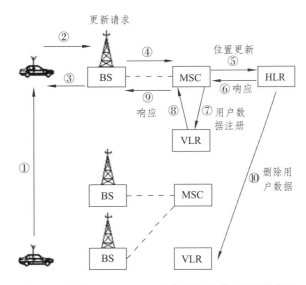

图 4-1　不同 MSC / VLR 业务区间的位置更新过程

（1）用户发出位置登记请求和建立登记阶段。

①：移动台 MS 从一个位置区（属于 MSCA 的覆盖区）移动到另一个位置区（属于 MSCB 的覆盖区）。

②：通过检测由新基站 BTS 持续发送的广播信息，移动台发现新收到的位置区识别码与目前使用的位置区识别码不同。

③、④：移动台通过该新基站（BTS）向 MSCB 发送一个具有"我在这里"的信息，即位置更新请求消息。

（2）完成鉴权、确认的阶段。

⑤：MSCB 把含有 MSCB 标识和 MS 识别码的位置更新消息送给 HLR（鉴权或加密计算过程从此时开始）。

⑥：HLR 返回响应消息，其中包含全部相关的客户数据。

（3）用户数据登记、更新及通知用户的阶段。

⑦、⑧：在访问的 VLR 中进行客户数据登记。

⑨：通过基站把有关位置更新响应消息送给移动台（如果重新分 IMSI，此时一起送给移动台）。

（4）位置删除阶段。

⑩：通知原来的 VLR 删除有关此移动客户的数据。

任务二　切换技术

【技能目标】

（1）能区别各种类型切换的不同。

（2）能熟练应用切换执行的原则。

（3）能准确分析 2G/3G/4G 各系统的切换的流程。

【素质目标】

（1）培养学生全程全网的意识。

（2）培养学生善于查阅参考文献的职业习惯。

一、切换的模式描述

（一）切换的定义

所谓切换是指移动台从一个信道或小区切换到另一个信道或小区的过程。切换是移动通信系统中一项非常重要的技术，切换失败会导致通信失败，影响网络的运行质量。

（二）切换的分类

1. 按无线网络覆盖范围划分

切换允许在不同的无线信道之间进行，也允许在不同的小区之间进行。根据发生切换的实体覆盖范围的不同，可以分为以下几种类型。

（1）小区内切换：移动台可能在同一个小区（或扇区）要执行小区内切换，改变通信所使用的信道，相关的操作只需要在 BSC 内进行。

（2）BSC 内切换：BSC 内切换是指同一 BSC 所控制的不同小区（基站）之间的信道切换。这种情况发生在移动台进入一个新基站（这个新基站与原来的基站处于同一个 BSC 管辖范围）的服务区时。BSC 内切换不需要经过 MSC 的处理。

（3）MSC 内切换：MSC 内切换是指同一 MSC 所控制的不同基站子系统之间的信道切换。其中，切换前后的 BSC 在同一个 MSC 管辖范围内，这种情况发生在移动台需要改变基站和 BSC 时。MSC 内切换需要经过 MSC 的处理，MSC 从候选小区中选择一个目标 BSC 供切换使用。

（4）MSC 间切换：MSC 间切换是指同一 PLMN 覆盖区内的不同 MSC 之间的信道切换。当移动台要同时改变 BSC、MSC 时，需要进行 MSC 间切换。这种切换比较困难，引起的话音中断率也比较高。

（5）网络间切换：网络间切换涉及不同网络间的相互操作，这个切换可能需要跨越不同运营商或不同模式的网络，例如 IS-95 CDMA 网络和 GSM 网络间切换，或者 IS-95 CDMA 网络和 AMPS 模拟网之间的切换。网络间切换不仅需要多模终端，而且需要网络间交换、通话的鉴权计费等比较复杂的技术。

2. 按切换处理过程划分

按照切换处理过程的不同，即按照当前链路是在新链路建立之前还是之后释放可将切换类型分为硬切换、软切换、更软切换和接力切换等。

1）硬切换

当移动台从一个基站覆盖区进入另一个基站覆盖区时，先断掉与原基站的联系，然后再与新进入的覆盖区的基站进行联系。这种"先断后接"的切换方式称为硬切换，硬切换技术主要用于 GSM 及一切转换载频的切换。

硬切换技术的先断开后切换，会造成短暂的暂时中断，通常人耳是无法察觉的。一般情况下，移动台越区时都不会发生掉话的现象，但当移动台因进入屏蔽区或信道繁忙而无法与新基站联系时，就会产生掉话。

2）软切换

在切换过程中，当移动台开始与目标基站进行通信时并不立即切断与原基站的通信，而是先与新的基站连通再与原基站切断联系，切换过程中移动台可能同时占用两条或两条以上的信道。这种先通后断的切换方式称为软切换。

软切换是由 MSC 完成的，软切换提供宏分集的作用，提高了接收信号的质量。软切换被广泛应用于 CDMA 系统中。

3）更软切换

移动台在同一小区的不同扇区之间进行的软切换称为更软切换。这种切换是由 BSC 完成的，并不通知 MSC，应用于 CDMA 系统中。

4）接力切换

接力切换是 TD-SCDMA 移动通信系统的核心技术之一。其设计思想是利用智能天线和上行同步等技术，在对 UE 的距离和方位进行定位的基础上，根据 UE 方位和距离信息作为辅助信息来判断目前 UE 是否移动到了可进行切换的相邻基站的临近区域。如果 UE 进入切换区，则 RNC 通知该基站做好切换的准备，从而达到快速、可靠和高效切换的目的。这个过程就像是田径比赛中的接力赛一样，因而形象地称之为"接力切换"。接力切换通过与智能天线和上行同步等技术有机结合，巧妙地将软切换的高成功率和硬切换的高信道利用率综合起来，是一种具有较好系统性能的切换方法。

3. 按切换的原因划分

1）基于无线质量的切换

通常此类切换的原因是移动台测量报告显示出存在比当前服务小区信道质量更好的邻小区。

2）基于无线接入技术覆盖的切换

此类切换是在移动台失去当前无线接入技术覆盖，从而连接到其他无线接入技术覆盖的情况。例如，一个移动台远离城市区域从而失去 LTE 覆盖，网络就会切换到移动台检测到的 GSM 覆盖中。

3）基于负载情况的切换

此类切换用于当前小区过载时，为平衡小区间的负载状况，一些移动台需要从过载的小区切换到空闲小区。

（三）切换执行的原则

是否进行切换通常根据移动台处接收的平均信号强度来确定，也可以根据移动台处的信噪比（或信号干扰比）、误比特率等参数来确定。切换执行的原则有以下几种，现举例说明。

假定移动台从基站 1 向基站 2 运动，其信号强度的变化如图 4-2 所示。

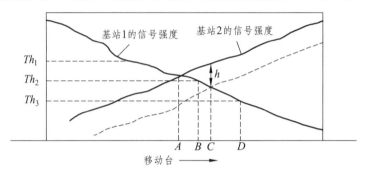

图 4-2　越区切换时信号强度的变化情况

原则 1：相对信号强度标准，即在任何时间都选择具有最强接收信号的基站。如图 4-2 中的 A 处将要发生越区切换。这种准则的缺点是：在原基站的信号强度仍满足要求的情况下，会引发太多不必要的越区切换。

原则 2：具有门限规定的相对信号强度标准，即仅允许移动用户在当前基站的信号足够弱（低于某一门限），且新基站的信号强于本基站的信号情况下，才可以进行越区切换。如图 4-2 所示，在门限为 Th_2 时，在 B 点将会发生越区切换。

在该方法中，门限选择具有重要作用。例如，在图 4-2 中，如果门限太高取为 Th_1，则该准则与准则 1 相同。如果门限太低取为 Th_3，则会引起较大的越区时延，此时，可能会因链路质量较差而导致通信中断。另一方面，它会引起对同道用户的额外干扰。

原则 3：具有滞后余量的相对信号强度标准，即仅允许移动用户在新的基站的信号强度比原基站信号强度强很多（即大于滞后余量（Hysteresis Margin））的情况下进行越区切换。例如图 4-2 中的 C 点。该技术可以防止由于信号波动引起的移动台在两个基站之间来回重复切换，即"乒乓效应"。

原则 4：具有滞后余量和门限规定的相对信号强度标准，即仅允许移动用户在当前基站的信号电平低于规定门限并且新基站的信号强度高于当前基站一个给定滞后余量时进行越区切换。

二、切换的实现过程

当移动台满足切换执行的原则时，就要发起切换过程的处理，完成切换的信道转换，执行它相应的任务。在数字移动通信系统中，切换过程控制采用移动台辅助的越区切换（MAHO）方式实现。

切换过程主要由测量、判决、执行三部分完成。

测量：进行测量控制、测量的执行与结果的处理、测量报告等，主要由移动台完成。

判决：以测量为基础，进行资源申请与分配，主要由网络端完成。

执行：完成切换，支持失败回退，测量控制更新，由移动台和网络端共同完成。

（一）GSM 系统的切换过程

切换过程是由 MS、BTS、BSC 以及 MSC 共同完成。其中，MS 负责测量无线子系统的下行链路性能和从周围小区中接收信号强度。BTS 将负责监视每个被服务的移动台的上行接收电平和质量，同时，它还要在其空闲的话务信道上监测干扰电平。BTS 将把它和移动台测量的结果送往 BSC，最初的判决以及切换门限和步骤是由 BSC 完成。对从其他 BSS 和 MSC 发来的信息，测量结果送网络 MSC 决定何时进行切换以及切换到哪一个基站，如图 4-3 所示。

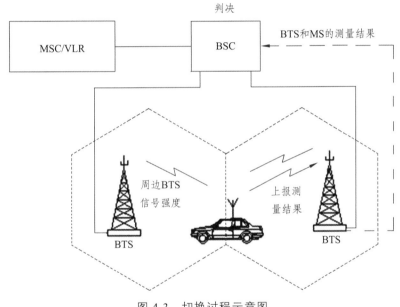

图 4-3 切换过程示意图

（二）CDMA 系统的切换过程

在 CDMA 系统中所有 CDMA 小区都采用同一个频率，移动台根据接收到的基站导频信号的不同偏置来区分各个基站。每个小区的导频要与其同一 CDMA 信道中的正向业务信道相配合才有效，当移动台检测到一个足够强度的导频而它未与任何一正向业务信道相配合时，就向基站发送一导频强度测量报告，基站根据此报告决定是否切换。在 CDMA 的切换技术中一个显著的优点是可以使用软切换。CDMA 系统中移动台独特的 RAKE 接收机可以同时接收两个或两个以上基站发来的信号，从而保证了 CDMA 系统能够实现软切换。

（三）TD-SCDMA 系统的切换过程

TD-SCDMA 的接力切换过程如图 4-4 所示。

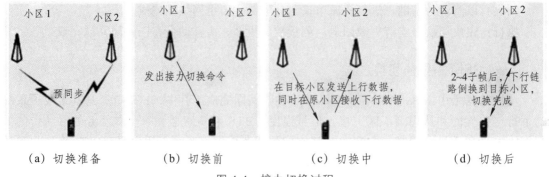

图 4-4　接力切换过程

两个小区的基站将接收来自同一手机的信号，两个小区都将对此手机定位，并在可能切换区域时，将此定位结果向基站控制器报告，基站控制器根据用户的方位和距离信息，判断手机用户现在是否移动到应该切换给另一基站的临近区域，并告知手机其周围同频基站信息，如果进入切换区，便由基站控制器通知另一基站做好切换准备，通过一个信令交换过程，手机就由一个小区像交接力棒一样切换到另一个小区。这个切换过程具有软切换不丢失信息的优点，又克服了软切换对临近基站信道资源和服务基站下行信道资源浪费的缺点，简化了用户终端的设计。接力切换还具有较高的准确度和较短的切换时间，提高了切换成功率。

（四）LTE 系统的切换过程

源 eNB 根据漫游限制配置 UE 的测量报告，UE 根据预定的测量规则发送报告；源 eNB 根据报告决定 UE 是否需要切换。当需要切换时，源 eNB 向目标 eNB 发送切换请求，目标 eNB 根据收到的 QoS 信息执行接纳控制，并返回确认消息。

源 eNB 向 UE 发送切换指令，UE 接到后进行切换并同步到目标 eNB；网络对同步进行响应，当 UE 成功接入目标 eNB 后，向目标 eNB 发送切换确认消息。

MME 向 S-GW 发送用户面更新请求，用户面切换下行路径到目标侧；目标 eNB 通知源 eNB 释放原先占用的资源，切换过程完成。

任务三　漫游技术

【技能目标】

（1）能熟练办理各类漫游业务。

（2）能熟练使用各类漫游业务。

（3）能具备较好的口头表达能力。

【素质目标】

（1）培养学生爱岗敬业的职业精神。

（2）培养学生工作细致、认真负责的职业习惯。

一、漫游的模式描述

（一）漫游的定义

漫游通信就是指在蜂窝移动通信系统中，移动台从归属移动交换区移动到拜访移动区后，仍然能够获得通信服务的功能。

（二）漫游的方式

根据系统对漫游的管理和实现的不同，漫游的方式有人工漫游、半自动漫游和自动漫游之分。目前，移动通信系统均采用自动漫游的方式实现。

（三）漫游的办理

不同地区、不同运营商的漫游业务办理政策各有不同，现在以某地中国电信为例，说明漫游业务的办理方法，如表 4.1 所示。

表 4.1　中国电信漫游业务办理方式

业务类型	客户类型	业务办理方式
新入网	办理普通入网	办理套餐的同时申请国际漫游，缴纳 500 元或 500 元以上预存话费，可直接发放天翼国际卡（新），并按照普通 UIM 卡的卡费标准收取卡费
换卡	原中国香港和天翼国际卡用户和原联通双模卡用户	免卡费更换为天翼国际卡（新）
	支付卡用户	目前暂无天翼国际卡（新）相关产品，建议不更换天翼国际卡【预存款金额大于 500 元（含 500 元）可以申请开通国际漫游业务】
	天翼钻石卡、金卡及银卡用户、重要政企客户、银行账户托收和企业信用担保方式的客户	预存款金额大于 500 元（含 500 元），并申请开通国际漫游，可免卡费更换为天翼国际卡
	除上述用户外，其他用户	预存款金额大于 500 元（含 500 元），并申请开通国际漫游，可更换天翼国际卡（新），并按照普通 UIM 卡的补卡资费收取卡费

二、漫游的实现过程

（一）与漫游有关的数据

漫游的过程离不开相应的数据支持，具体与移动漫游号 MSRN、位置区识别码 LAI、MSC/VLR 地址、存储在 HLR 和 VLR 中的数据等有直接的关系。

（1）移动漫游号 MSRN：它是 VLR 所处的地理区域的一个 PSTN/ISDN 号，为临时性用户数据，由被访 VLR 分配，存储在 HLR 和 VLR 中。完成路由重选，将把呼叫转移到移动台所位于的 MSC。

（2）位置区识别码 LAI：用于标识 PLMN 网的位置区码，存于 VLR 中，用来判断是否需要位置登记。

（3）MSC/VLR 地址：用于 MSC/VLR 地址标志，是临时性用户数据，为一个 PSTN/ISDN 号，根据各国要求具有可变长度，存储在 HLR 中。

（4）存储在 HLR 中的数据：存储在 HLR 中的主要数据有国际移动台号 DN、国际移动用户标识 IMSI、移动台漫游号 MSRN、VLR 地址、移动台状态数据、其他需要的用户数据。

（5）存储在 VLR 中的数据：存储在 VLR 中的主要数据有国际移动台号 DN、国际移动用户标识 IMSI、移动台漫游号 MSRN、临时移动台标识 TMSI、位置区识别、其他需要的数据。

（二）漫游执行的事件

当移动用户发生漫游到被访局之后，相当于该局新增加了一个移动用户，与本局的移动用户相比为一个临时的移动用户。同样执行位置登记/更新、切换、呼叫处理等事件。

（1）位置登记/更新：其过程与本项目任务一位置登记与更新的过程相同。

（2）切换：其过程与本项目任务二切换的过程相同。

（3）呼叫处理：由于漫游用户已经离开其原来所属的交换局，移动用户号码 MSDN 已不能反映其实际位置。因此呼叫漫游用户应首先查询 HLR 获得漫游号，然后根据漫游号重选路由。根据发起向 HLR 查询的位置不同，有原籍局重选和网关局重选两种方法。

① 原籍局重选：不论漫游用户现处在何处，一律先根据 MSDN 接其至原籍局的 MSC（HMSC），然后再由原籍局查询 HLR 数据库后重选路由。这种方法的优点是实现简单，计费也简单。缺点是可能发生路由环回。

② 网关局重选：PSTN/ISDN 用户呼叫漫游用户时，不论原籍局在哪里，固网交换机按就近接入的原则，首先将呼叫接至最近的 MSC（GMSC），然后由 GMSC 查询 HLR 后重选路由。这种方法可以达到路由优化，但是会涉及计费问题。

目前，数字移动通信系统规定采用网关局重选法；国际漫游规定采用原籍局路由重选法。

过关训练

一、单选题

1. 中国移动的 GSM 网号为（　　）。

A. 00　　　　　　　　B. 01　　　　　　　　C. 02　　　　　　　　D. 03

2. 中国联通的 GSM 网号为（　　）。

A. 00　　　　　　　　B. 01　　　　　　　　C. 02　　　　　　　　D. 03

3. 中国电信的 CDMA 网号为（　　）。

A. 00　　　　　　　　B. 01　　　　　　　　C. 02　　　　　　　　D. 03

4. 软切换应用于什么系统当中？（　　）

A. GSM　　　　　　　B. CDMA　　　　　　C. TD-SCDMA　　　　D. LTE

5. 接力切换应用于什么系统当中？（　　）

A. GSM   B. CDMA   C. TD-SCDMA   D. LTE

二、多选题

1. 手机在空闲模式下的行为有（   ）。

A. PLMN 选择/重选   B. 小区的选择/重选
C. 位置登记/更新   D. 小区切换

2. 位置登记/更新的分类有哪几种？（   ）

A. 开机位置登记   B. 重启位置登记
C. 关机位置登记   D. 常规性位置更新
E. 周期性位置更新

3. 根据发生切换的实体覆盖范围的不同，切换可以分为以下几种类型？（   ）

A. 小区内切换   B. BSC 内切换   C. MSC 内切换
D. MSC 间切换   E. 网络间切换

4. 根据切换的原因可以分为哪几种？（   ）

A. 基于无线质量的切换   B. 基于随机的切换
C. 基于负载情况的切换   D. 基于无线接入技术覆盖的切换

5. 切换过程由哪几部分组成？（   ）

A. 测量   B. 判决   C. 执行   D. 反馈

三、判断题

1. 位置登记/更新是通信网为了跟踪移动台的位置变化，由移动台向网络报告自己的位置信息，网络对其位置信息进行登记或更新的过程。（   ）

2. LAC 由 10 位二进制数组成。（   ）

3. TMIS 在当前 VLR 所管辖的范围内是唯一的。（   ）

4. 切换是指移动台从一个信道或小区切换到另一个信道或小区的过程。（   ）

5. 漫游通信就是指在蜂窝移动通信系统中，移动台从归属移动交换区移动到拜访移动区后，仍然能够获得通信服务的功能。（   ）

四、问答题

1. 请简要说明一次完整的位置更新过程。

2. 切换执行的原则有哪些？

项目五　GSM 移动通信系统

【问题引入】

　　GSM 系统是第二代移动通信系统中一个应用最广泛的标准。那么 GSM 的系统由哪些部分组成？GSM 的主要通信流程是怎样的？如何进行 GSM 基站的操作与维护？这是本项目需要涉及与解决的问题。

【内容简介】

　　本项目介绍 GSM 移动通信网络的特点和主要技术参数、GSM 移动通信系统的基本组成、GSM 主要通信流程、GSM 基站操作与维护等任务。其中 GSM 移动通信系统的基本组成、GSM 主要业务流程、GSM 基站操作与维护为重要内容。

【项目要求】

　　识记：知道 GSM 移动通信网络的特点和主要技术参数等概念
　　领会：能清楚 GSM 移动通信系统和网络的基本组成、GSM 主要通信流程。
　　应用：会进行 GSM 基站日常操作。

任务一　系统概述

【技能目标】

　　（1）熟悉 GSM 系统的主要技术指标和参数。
　　（2）能够结合 GSM 系统的关键技术分析解决问题。

【素质目标】

　　（1）培养学生努力学习、细心踏实的职业习惯。
　　（2）培养学生自学和知识总结的职业能力。

　　由于第一代模拟移动通信系统存在的缺陷和市场对移动通信容量的巨大需求，80 年代初期，欧洲电信管理部门成立了一个被称为 GSM（移动特别小组）的专题小组研究和发展泛欧各国统一的数字移动通信系统技术规范，1988 年确定了采用以 TDMA 为多址技术的主要建议与实施计划，1990 年开始试运行，然后进行商用，到 1993 年中期已经取得相当成功，吸引了全世界的注意，现已成为世界上最大的移动通信网。因此，GSM 移动通信系统是泛欧数字蜂窝移动通信网的简称，是当前发展最成熟的一种数字移动通信系统，现重命名为"Global System for Mobile Communication"，即"全球移动通信系统"。GSM 已从 Phase1 过渡到 Phase2，Phase2 过渡到 Phase2plus，并向 3G 和 4G 过渡。

一、系统特点

（1）GSM的移动台具有漫游功能。漫游是移动通信的重要特征，对于GSM标准，可以提供全球漫游，其漫游是在SIM卡识别号和IMSI国际移动用户识别号的基础上实现的。

（2）GSM提供多种业务，除了能提供语音业务外，还可以开放各种承载业务、补充业务和与ISDN相关的业务，可与今后的ISDN兼容。

（3）GSM系统通话音质好，容量大。鉴于数字传输技术的特点以及GSM规范中有关空中接口和话音编码的定义，在门限值以上时，话音质量总是达到较好的水平而与无线传输质量无关。由于每个信道传输带宽增加，使用同频复用载干比要求降低至9dB，因而GSM系统的同频复用模式可以缩小到4/12或3/9甚至更小，加上半速率话音编码的引入和自动话务分配以减少越区切换的次数，使GSM系统的容量（每兆赫每小区的信道数）比TACS（全接入通信系统）高3~5倍。

（4）GSM具有较好的抗干扰能力和保密功能。GSM可以向用户提供以下三种保密功能：对移动台识别码进行加密，使窃听者无法确定用户的移动台号码，起到对用户位置保密的作用；将用户的语音、信令数据和识别码加密，使非法窃听者无法收到通信的具体内容；保密措施是通过"用户鉴别"来实现的，其鉴别方式是一个"询问-响应"过程。为了鉴别用户，在通信开始时，首先由网络向移动台发出一个信号，移动台收到这个号码后连同内部的"电子密锁"，共同来启动"用户鉴别"单元，随之输出鉴别结果，返回网络的固定方，网络固定方将返回的结果进行比较，若相同则确认移动台为合法用户，否则确认为非法用户，从而确保了用户的使用权。

（5）越区切换功能，在微蜂窝移动通信网中，高频度的越区切换已不可避免，GSM采取主动参与越区切换的策略。移动台在通话期间，不断向所在工作区基站报告本区和相邻区无线环境的详细数据。当需要越区切换时，移动台主动向本区基站发出越区切换请求，固定方（MSC和BSC）根据来自移动台的数据，查找是否存在替补信道，以接收越区切换，如果不存在，则选择第二替补信道。直至选中一个空闲信道，使移动台切换到该信道继续通信。

（6）具有灵活、方便的组网结构。

二、技术指标及参数

GSM系统的主要技术指标及参数见表5.1。

表5.1　GSM系统的主要技术指标及参数

序号	技术指标	技术参数
1	频段	GSM900： 上行：890~915 MHz，移动台发送，基站接收 下行：935~960 MHz，基站发送，移动台接收 DCS1800： 上行：1 805~1 880 MHz； 下行：1 710~1 785 MHz

续表

序号	技术指标	技术参数
2	频带宽度	GSM900：主要频带宽度为 25 MHz； DCS1800：75 MHz
3	上下行频率间隔	GSM900：45 MHz； DCS1800：95 MHz
4	载频间隔	200 kHz
5	通信方式	全双工
6	信道分配	每载波 8 时隙，包含 8 个全速率信道、16 个半速率信道
7	每个时隙传输比特率	33.8 kb/s
8	信道总速率	270.83 kb/s
9	调制方式	GMSK 调制
10	接入方式	TDMA
11	语音编码	RPE-LTP，13 kb/s 的规则脉冲激励线性预测编码
12	分集接收	跳频每秒 217 跳，交错信道编码，自适应均衡

三、关键技术

为了提高 GSM 系统的抗干扰能力，提高频谱的利用率，GSM 移动通信系统采用了如下技术：

（一）自动功率控制技术

所谓功率控制，就是在无线传播上对手机或基站的实际发射功率进行控制，以尽可能降低基站或手机的发射功率，这样就能达到降低手机和基站的功耗以及降低整个 GSM 网络干扰这两个目的。当然，功率控制的前提是要保证正在通话的呼叫拥有比较好的通信质量。功率控制分为上行功率控制和下行功率控制，上行和下行功率控制都是独立进行的。所谓上行功率控制，也就是对手机的发射功率进行控制，而下行功率控制就是对基站的发射功率进行控制。不论是上行功率控制还是下行功率控制，通过降低发射功率，都能够减少上行或下行方向的干扰，同时降低手机或基站的功耗，直接的结果就是整个 GSM 网络的平均通话质量大大提高，手机的电池使用时间大大延长。

（二）分集接收技术

在移动状态下，信号的快衰落（瑞利衰落）和慢衰落（慢对数正态衰落），常使接收信号不稳定，使通信质量严重下降。为了克服衰落，移动通信基站广泛采用分集技术。

移动通信基站可以采用两副天线，实现空间分集技术。一副为接收天线，另一副为分集接收天线。分集技术是在若干支路上接收相互间相关性很小的载有同一消息的信号，然后通过合并技术再将各个支路信号合并输出。这样便可在接收端大大降低深衰落的概率。

（三）跳频技术

跳频是指载波频率在一定宽度范围内按某种图案（跳频序列）进行跳变，跳频是扩频通信基本技术方式中的一种，跳频相当于展宽了频谱，起到频率分集和干扰源分集的作用，因此可以提高系统抗衰落和抗干扰能力，从而改善无线信号传输质量，降低误码率。

GSM 系统中的跳频分为基带跳频和射频跳频两种。基带跳频的原理是将语音信号随着时间的变换使用不同频率发射机发射，射频跳频是将语音信号用固定的发射机发射，由跳频序列控制，采用不同频率发射。射频跳频采用两个发射机，一个固定发射载频，因它带有 BCCH；另一个发射机载波频率可随着跳频序列的序列值的改变而改变。

（四）均衡技术

均衡技术即采用均衡器建立一个传输信道（即空中接口）的数学模型，计算出最可能的传输序列。传输序列是以突发脉冲串的形式传输，在突发脉冲串的中部，加上已知训练序列，利用训练序列，均衡器能建立起该信道模型。这个模型是随时间而改变的，但在一个突发脉冲串期间被认为是恒定的。建立了模型，接着是产生全部可能的序列，并把它们馈入信道模型，输出序列中将有一个与接收序列最相似，与此对应的那个序列便被认为是当前发送序列。均衡技术可以补偿时分信道中由于多径效应产生的码间干扰。

（五）不连续发射技术（DTX）

据统计，在一个通话过程中，移动用户仅有 40%的时间在通话。所以 GSM 系统引入不连续发射技术。它是通过禁止传输用户认为不需要的无线信号来降低干扰电平，提高系统效率和容量。DTX 一般是以 BSC 为单位进行控制，也有厂家设备以小区为控制单位。

不连续发射 DTX 和常规模式并存于 GSM 系统中，可根据每次呼叫的要求由系统选择模式。在 DTX 模式下，当用户正常讲话时，编码成 13 kb/s，而在其他时候仅保持在 500 kb/s，用于模拟背景噪声，使收端能产生信号以避免听者以为连接中断。这种模拟背景噪声有时也称为舒适噪音。正常语音帧为 260 kb/s，而 DTX 非通话时期变为 260 kb/480 ms，从而改善无线的干扰环境。为了实现 DTX 原理，首先要能检测语音。对于语音，编码器要能区别什么是有效语音，收端解码器要能在间断期产生舒适噪音，这个功能称为语音激活检测技术简称 VAD 技术。

任务二　系统结构

【技能目标】

（1）熟悉 GSM 系统的组成。

（2）熟悉 GSM 系统主要接口的作用。

（3）能够根据 GSM 组网技术规划设计现有网络架构。

【素质目标】

（1）培养学生善于分析解决问题的职业素质。

（2）培养学生全程全网的职业意识。

一、GSM 系统结构

（一）GSM 移动通信系统的组成

蜂窝移动通信系统主要是由交换网络子系统（NSS）、无线基站子系统（BSS）、操作维护子系统（OSS）和移动台（MS）四大部分组成，如图 5-1 所示。

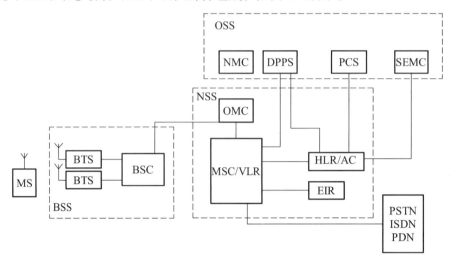

图 5-1　GSM 系统结构

OSS—操作子系统；BSS—基站子系统；NSS—网络子系统；NMC—网络管理中心；DPPS—数据后处理系统；
SEMC—安全性管理中心；PCS—用户识别卡个人化中心；OMC—操作维护中心；MSC—移动交换中心；
VLR—拜访位置寄存器；HLR—归属位置寄存器；AC—鉴权中心；EIR—移动设备识别寄存器；
BSC—基站控制器；BTS—基站收发信台；PDN—公用数据网；PSTN—公用电话网；
ISDN—综合业务数字网；MS—移动台图

1. 交换网络子系统

交换网络子系统（NSS）主要完成交换功能和客户数据与移动性管理、安全性管理所需的数据库功能。NSS 由一系列功能实体所构成，各功能实体介绍如下：

MSC：是 GSM 系统的核心，是对位于它所覆盖区域中的移动台进行控制和完成话路交换的功能实体，也是移动通信系统与其他公用通信网之间的接口。它可完成网络接口、公共信道信令系统和计费等功能，还可完成 BSS、MSC 之间的切换和辅助性的无线资源管理、移动性管理等。另外，为了建立至移动台的呼叫路由，每个 MSC 还应能完成入口 MSC（GMSC）的功能，即查询位置信息的功能。

VLR：是一个数据库，是存储 MSC 为了处理所管辖区域中 MS（统称拜访客户）的来话、去话呼叫所需检索的信息，例如客户的号码，所处位置区域的识别，向客户提供的服务等参数。

HLR：也是一个数据库，是存储管理部门用于移动客户管理的数据。每个移动客户都应在其归属位置寄存器（HLR）注册登记，它主要存储两类信息：一是有关客户的参数；一是有关客户目前所处位置的信息，以便建立至移动台的呼叫路由，例如 MSC、VLR 地址等。

AUC：用于产生为确定移动客户的身份和对呼叫保密所需鉴权、加密的三参数（随机号码 RAND，符号响应 SRES，密钥 Kc）的功能实体。

EIR：也是一个数据库，存储有关移动台设备参数。主要完成对移动设备的识别、监视、闭锁等功能，以防止非法移动台的使用。

2. 无线基站子系统

无线基站子系统（BSS）是在一定的无线覆盖区中由 MSC 控制，与 MS 进行通信的系统设备，它主要负责完成无线发送接收和无线资源管理等功能。功能实体可分为基站控制器（BSC）和基站收发信台（BTS）。

BSC：具有对一个或多个 BTS 进行控制的功能，它主要负责无线网络资源的管理、小区配置数据管理、功率控制、定位和切换等，是个很强的业务控制点。

BTS：无线接口设备，它完全由 BSC 控制，主要负责无线传输，完成无线与有线的转换、无线分集、无线信道加密、跳频等功能。

3. 移动台

移动台就是移动客户设备部分，它由两部分组成，移动终端（MS）和客户识别卡（SIM）。移动终端就是"机"，它可完成话音编码、信道编码、信息加密、信息的调制和解调、信息发射和接收。SIM 卡就是"人"，它类似于我们现在所用的 IC 卡，因此也称作智能卡，存有认证客户身份所需的所有信息，并能执行一些与安全保密有关的重要信息，以防止非法客户进入网络。SIM 卡还存储与网络和客户有关的管理数据，只有插入 SIM 后移动终端才能接入进网，但 SIM 卡本身不是代金卡。

4. 操作维护中心

GSM 系统还有个操作维护中心（OMC），它主要是对整个 GSM 网络进行管理和监控。通过它实现对 GSM 网内各种部件功能的监视、状态报告、故障诊断等功能。

（二）GSM 系统接口

1. 主要接口

GSM 系统的主要接口是指 A 接口、Abis 接口和 Um 接口。如图 5-2 所示。这三种主要接口的定义和标准化能保证不同供应商生产的移动台、基站子系统和网络子系统设备能纳入同一个 GSM 数字移动通信网运行和使用。

A 接口定义为网络子系统（NSS）与基站子系统（BSS）之间的通信接口，从系统的功能实体来说，就是移动业务交换中心（MSC）与基站控制器（BSC）之间的互联接口，其物理链接通过采用标准的 2.048 Mb/s PCM 数字传输链路来实现。此接口传递的信息包括移动台管理、基站管理、移动性管理、接续管理等。

Abis 接口定义为基站子系统的两个功能实体基站控制器（BSC）和基站收发信台（BTS）之间的通信接口，用于 BTS（不与 BSC 并置）与 BSC 之间的远端互连方式，物理链接通过采用标准的 2.048 Mb/s 或 64 kb/s PCM 数字传输链路来实现。如图 5-2 所示的 BS 接口作为 Abis 接口的一种特例，用于 BTS（与 BSC 并置）与 BSC 之间的直接互联方式，此时 BSC 与 BTS 之间的距离小于 10 m。此接口支持所有向用户提供的服务，并支持对 BTS 无线设备的控制和无线频率的分配。

Um 接口（空中接口）定义为移动台与基站收发信台（BTS）之间的通信接口，用于移动台与 GSM 系统的固定部分之间的互通，其物理链接通过无线链路实现。此接口传递的信息包括无线资源管理，移动性管理和接续管理等。

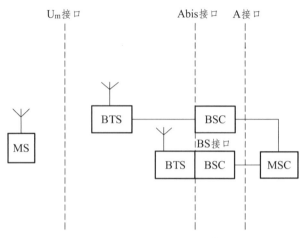

图 5-2　GSM 系统的主要接口

2. 网络子系统内部接口

网络子系统由移动业务交换中心（MSC）、访问用户位置寄存器（VLR）、归属用户位置寄存器（HLR）等功能实体组成，因此 GSM 技术规范定义了不同的接口以保证各功能实体之间的接口标准化，其示意图如图 5-3 所示。

二、GSM 网络结构

GSM 移动通信网的组织情况视不同国家地区而定，地域大的国家可以分为三级（第一级为大区（或省级）汇接局，第二级为省级（地区）汇接局，第三级为各基本业务区的 MSC），中小型国家可以分为两级（一级为汇接中心，另一级为各基本业务区的 MSC）或无级。下面以中国的 GSM 组网情况做介绍。

（一）移动业务本地网的网络结构

GSM 移动本地网划分原则是按地理行政区域进行建网，一般长途编号区为 2 位或 3 位的地区建一个移动业务本地网。每个移动业务本地网中应设立一个 HLR（必要时可增设 HLR，HLR

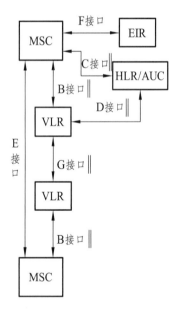

图 5-3　网络子系统内部接口示意图

可以是有物理实体的，也可是虚拟的，即几个移动业务本地网公用同一个物理实体 HLR，HLR 内部划分成若干个区域，每个移动业务本地网用一个区域，由一个业务终端来管理和一个或若干个移动业务交换中心组成，如图 5-4 所示。

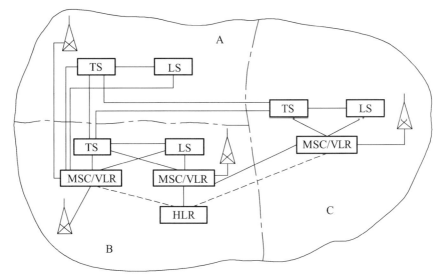

图 5-4　GSM 移动业务本地网结构示意图

TS—长途局；LS—市话局

（二）省内 GSM 移动通信网的网络结构

省内 GSM 移动通信网由省内的各移动业务本地网构成，省内设若干个移动业务汇接中心（即二级汇接中心），汇接中心之间为网状网结构，汇接中心与移动端局之间成星状网。根据业务量的大小，二级汇接中心可以是单独设置的汇接中心（即不带客户，没有至基站接口，只作汇接），也可兼作移动端局（与基站相连，可带客户）。省内 GSM 移动通信网中一般设置二三个移动汇接局较为适宜，最多不超过四个，每个移动端局至少应与省内两个二级汇接中心相连，如图 5-5 所示。任意两个移动交换局之间若有较大业务量时，可建立话音专线。

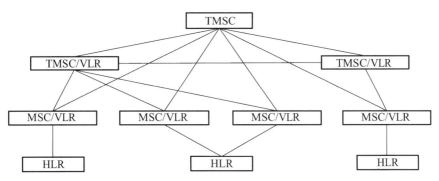

图 5-5　省内 GSM 移动通信网结构示意图

（三）全国 GSM 移动通信网的网络结构

全国 GSM 移动电话网按大区设立一级汇接中心，省内设立二级汇接中心，移动业务本地网设立端局，构成三级网络结构。它与 PSTN 网（公用电话网）的连接关系参见图 5-6。从图中可见，三级网络结构组成了一个完全独立的数字移动通信网络。当然，公用电话网还有它的国际出口局，而 GSM 数字移动通信网却无国际出口局，国际间的通信仍然还需借助于公用电话网的国际局。

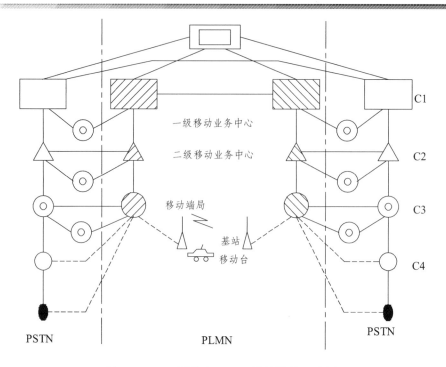

图 5-6　GSM 网络与 PSTN 网络连接示意图

三、实践活动：GSM 系统结构

（一）实践目的

熟悉 GSM 系统结构。

（二）实践要求

各位学员独立完成。

（三）实践内容

（1）结合具体情况熟悉图 5-1 所示的 GSM 系统结构。

（2）熟悉并画出基站子系统结构。

任务三　通信流程

【技能目标】

（1）熟悉 GSM 各类信道的功能。

（2）能够分析 GSM 主叫通信流程。

（3）能够分析 GSM 被叫通信流程。

【素质目标】

（1）培养学生善于分析解决问题的职业素质。

（2）培养学生团队协作意识和技术沟通的职业能力。

一、GSM 通信处理流程

GSM 系统传输与处理的信号主要是语音、数据，涉及的主要功能设备的方框图如图 5-7 所示。下面以移动台发送、固定电话接受为例介绍信号传输与处理的工作流程。

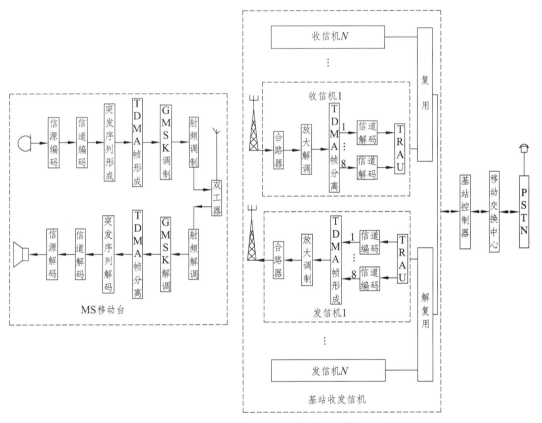

图 5-7　GSM 系统数据传输与处理流程图

移动用户首先将他的语音送入移动台（MS）的送话器，在 MS 内，经过 PCM 编码和带宽压缩处理，模拟语音信号转换成 13 kb/s 的数字信息流，再将这个 13 kb/s 的数字信息流经过检纠错信道编码后变为 22.8 kb/s，经加密交织处理后，进行 TDMA 帧形成后变为 270 kb/s，经 GMSK 数字调制后送到射频单元发送电路的上变频调制得到射频信号，通过功率放大后，送到天线合路器和其他发信机处理后的信号合成一路通过发射天线转换成电磁波发射出去。

基站收发信机（BTS）天线检测到信号后，将这个无线电信号接收，经放大解调、TDMA 帧分离、信道解码等处理后，恢复成代表语音得 16 kb/s 数字信号。实际上，16 kb/s 数字信号除包括含 13 kb/s 的语音编码数字信息流外，还包括 3 kb/s 的同步信息。16 kb/s 数字信号经过 TRAU 单元码型变换成 2.048 Mb/s 的数字信息流，2.048 Mb/s 的数字信息流经过移动交换中心（MSC）后，送到 PSTN 网，然后 PSTN 分别将各自得话音送到相应的固定电话中，经数模转换，变成话音信号，供用户接听。

　　固定电话发送、移动台接受是上述过程的逆变换。两个移动台之间的信号处理流程与上述流程类似。

二、GSM 信道结构

　　信道是传输信息的通道。GSM 系统的接入方式严格来说，采用 TDMA/FDMA 方式，即时隙接入。GSM 系统的信道可分为物理信道和逻辑信道两大类。

（一）物理信道

　　一个载频的 TDMA 帧的一个时隙称为一个物理信道，在目前 GSM 系统语音编码速率下，每个 TDMA 帧包括 8 个时隙，所以在 GSM 系统中每个载波有 8 个物理信道，即信道 0 ~ 7。

（二）逻辑信道

　　在 BTS 和 MS 间必须传送许多信息，如用户数据和控制信息。这些信息都必须在规定的时隙中进行传输，根据传递信息种类的不同，GSM 系统把传送不同种类信息的物理信道划分为各种不同的逻辑信道。但是逻辑信道必须依托物理信道来传送。

　　逻辑信道分为业务信道（Traffic Channel）和控制信道（Control Channel）两类，如图 5-8 所示。

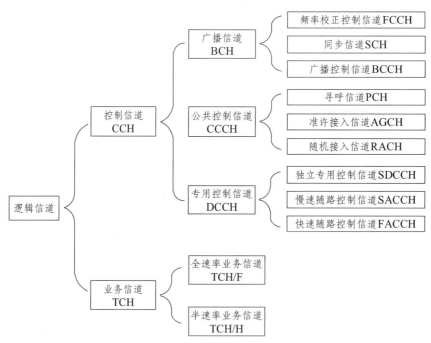

图 5-8　GSM 系统的逻辑信道

1. 业务信道（TCH）

TCH 用于传送数字语音或数据，有全速率（TCH/F）和半速率（TCH/H）两种。

语音业务信道：全速率为 22.8 kb/s，半速率为 4.8 kb/s。

数据业务信道：全速率为 9.6 kb/s、4.8 kb/s，对应的半速率分别为 4.8 kb/s、2.4 kb/s。

一个载频可提供 8 个全速率业务信道或 16 个半速率业务信道。

2. 控制信道（CCH）

控制信道（CCH）用于传送信令或同步数据。根据所需完成的功能又把控制信道定义成广播、公共及专用三种控制信道。

（1）广播信道（BCH）：是一种"一点对多点"的单方向控制信道，用于基站向所有移动台广播公用信息。传输的内容是移动台入网和呼叫建立所需要的各种信息。其中又可细分为：

频率校正信道（FCCH）：传输供移动台校正其工作频率的信息。

同步信道（SCH）：传输供移动台进行同步和对基站进行识别的信息。

广播控制信道（BCCH）：传输系统公用控制信息，用于移动台测量信号强度和识别小区标志等。

（2）公共控制信道（CCCH）：是一种"一点对多点"的双向控制信道，其用途是在呼叫接续阶段，传输链路连接所需要的控制命令。其中又可细分为以下几种信道：

寻呼信道（PCH）：传输基站寻呼移动台的信息。

随机接入信道（PACH）：移动台申请入网时，向基站发送入网请求信息。

准许接入信道（AGCH）：用于基站对移动台的入网申请做出应答，向移动台发送分配一个独立专用控制信道的信息。

（3）专用控制信道（DCCH）：是一种"点对点"的双向控制信道，其用途是在呼叫接续阶段以及在通信进行当中，在移动台和基站之间传输必需的控制信息。其中又可细分为以下几种信道：

独立专用控制信道（SDCCH）：传输移动台和基站连接和信道分配的信令。例如，登记、鉴权等。

慢速随路控制信道（SACCH）：在移动台和基站之间，周期地传输一些特定的信息，如功率调整、时间调整等信息。

快速随路控制信道（FACCH）：传送与 SDCCH 相同的信息。使用时要中断业务信息（4 帧）、把 FACCH 插入。不过，只有在没有分配 SDCCH 的情况下，才使用这种控制信道。

三、主叫通信流程

假设一 MS 处于激活且空闲状态，客户 A 要建立一个呼叫，他只要拨被叫 B 客户号码，再按"发送"键，MS 便开始启动程序。首先，MS 通过随机接入控制信道（RACH）向网络发第一条消息，即接入请求消息，MSC 即分配给它一专用信道，查看 A 客户的类别并标注此客户忙。若网络允许此 MS 接入，则 MSC 发证实接入请求消息。接着，MS 发呼叫建立消息及 B 客户号码，MSC 根据此号码将主叫与被叫所在的 MSC 连通，并将被叫号码送至被叫所在 MSC（B 客户为移动客户时）或送入固定网（PSTN）转接交换机（B 客户为固定客户时）中进行分析。一旦通往 B 客户的链路准备好，网络便向 MS 发呼叫建立证实，并给它分配专用业务信道 TCH。至此，呼叫建立过程基本完成，MS 等待 B 客户响应的证实信号。移动台始发呼叫框图如图 5-9 所示。

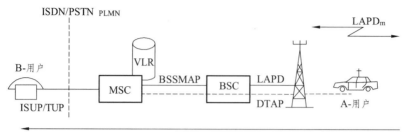

图 5-9　移动台始发呼叫框图

流程图如图 5-10 所示。图中主要流程说明如下：

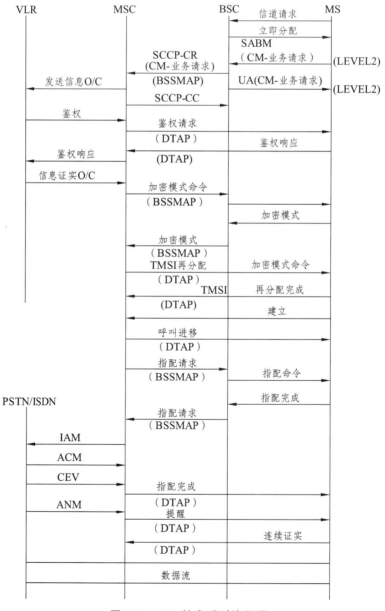

图 5-10　MS 始发呼叫流程图

（1）在服务小区内，一旦移动客户拨号后，移动台向基站请求随机接入信道。

（2）在移动台MS与移动业务交换中心MSC之间建立信令连接的过程。

（3）对移动台的识别码进行鉴权。如果需加密则设置加密模等，进入呼叫建立的起始阶段。

（4）分配业务信道的过程。

（5）采用七号信令的客户部分（ISUP/TUP），建立与固定网（ISDN/PSTN）至被叫客户的通路，并向被叫客户振铃，向移动台回送呼叫接通证实信号。

（6）被叫客户取机应答，向移动台发送应答连接消息，最后进入通话阶段。

四、被叫通信流程

下面我们举例说明MS作被叫的流程。以PSTN的固定客户A呼叫GSM的移动客户B的呼叫建立过程为例（见图5-11），B客户号码为0139H0HlH2H3ABCD。

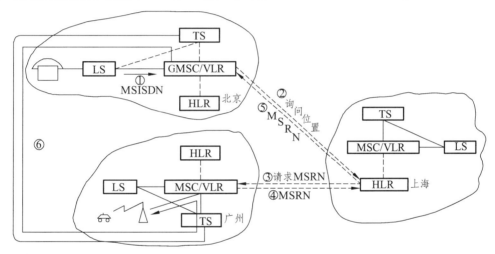

图 5-11　GSM系统呼叫客户时接续示意图

A 客户（如北京固定网某客户）拨打 B 客户（如上海数字移动某客户），拨 MSISDN（0139H0HlH2H3ABCD）号码。本地交换机根据A客户所拨B客户号码中国内目的地代码（139）可以与GSM网的GMSC（GSM网入口交换机）间建立链路，并将B客户MSISDN号码传送给GMSC。GMSC分析此号码，根据H0HlH2H3，应用查询功能向B客户的HLR发MSISDN号码，询问B客户漫游号码（MSRN）。HLR将B客户MSISDN号码转换为客户识别码（IMSI），查询B客户目前所在的业务区MSC（如他已漫游到广州），向该区VLR发被叫的IMSI，请求VLR分配给被叫客户一个漫游号码MSRN。VLR把分配给被叫客户的MSRN号码回送给HLR，由HLR发送给GMSC。GMSC有了MSRN，就可以把入局呼叫接到B客户所在的MSC（北京—广州）。GMSC与MSC的连接可以是直达链路，也可由汇接局转接。VLR查出被叫客户的位置区识别码（LAI）之后，MSC将寻呼消息发送给位置区内所有的BTS，由这些BTS通过无线路径上的寻呼信道（PCH）发送寻呼消息，在整个位置区覆盖范围内进行广播寻呼。守候的空闲MS接收到此寻呼消息，识别出其IMSI码后，发送应答响应。

移动台终结呼叫框图如图5-12所示，流程图如图5-13所示。流程说明如下：

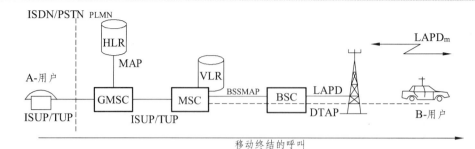

图 5-12　移动台终结呼叫框图

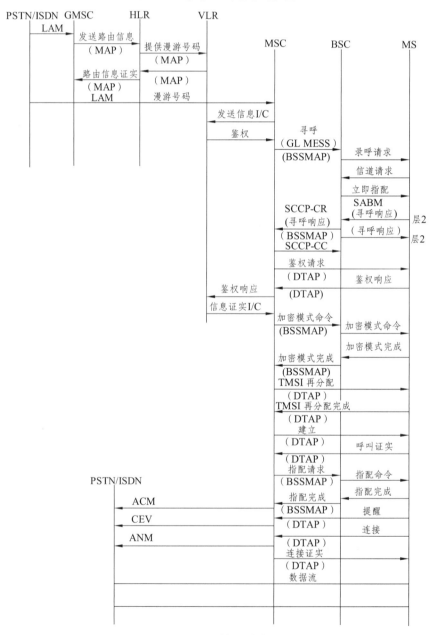

图 5-13　MS 终结呼叫流程图

（1）通过 No.7 信令客户部分 ISUP/TUP，入口 MSC（GMSC）接受来自固定网（ISDN/PSTN）的呼叫。

（2）GMSC 向 HLR 询问有关被叫移动客户正在访问的 MSC 地址（即 MSRN）。

（3）HLR 请求拜访 VLR 分配 MSRN。MSRN 是在客户每次呼叫时由拜访 VLR 分配并通知 HLR。

（4）GMSC 从 HLR 获得 MSRN 后，便叫寻找路由建立全被访 MSC 的通路。

（5）（6）被访 MSC 从 VLR 获得有关客户数据。

（7）（8）MSC 通过位置区内的所有基站 BTS 向移动台发送寻呼消息。

（9）（10）被叫移动客户的移动台发回寻呼响应消息后，执行与上述出局呼叫流程中的（1）、（2）、（3）、（4）相同的过程，直到移动台振铃，向主叫客户回送呼叫接通证实信号。

（11）移动客户取机应答，向固定网发送应答连接消息，至此进入通话阶段。

任务四 系统设备及维护

【技能目标】

（1）能够完成 GSM 基站机柜组装。

（2）能够进行 GSM 基站日常操作。

（3）能够进行 GSM 基站日常维护。

【素质目标】

（1）培养学生安全生产意识和自我保护能力。

（2）培养学生维护思维和规范操作的职业素质。

（3）培养学生善于分析解决问题的职业素质。

一、GSM 基站结构认识

BTS3012AE 是华为公司开发的双密度系列室外型宏基站，支持双密度收发信机，单机柜最大支持 12 载波。BTS3012AE 支持向 GERAN（GSM/EDGE Radio Access Network）的演进，适合城市、郊区、农村的大容量覆盖，以及机房难以获取或者机房建设成本很高地区。BTS3012AE 系统结构如图 5-14 所示，由机柜、天馈、操作维护设备和附属设备组成。

（一）机柜

BTS3012AE 机柜为基站系统的核心部分，主要完成基带信号及射频信号的处理。BTS3012AE

图 5-14 BTS3012AE 系统结构

机柜从物理结构上可划分为 DAFU 框、DTRU 框、风扇框、公共框、信号防雷框、电源框、交直流配电框和传输设备框。在小区配置为 S4/4/4 的情况下，BTS3012AE 的一种典型的单机柜满配置如图 5-15 所示。

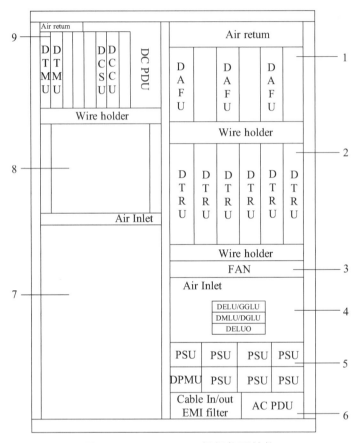

图 5-15　BTS3012AE 机柜物理结构

1—DAFU 框；2—DTRU 框；3—风扇框；4—信号防雷框；5—电源框；6—交流配电框；
7—预留；8—传输设备框；9—公共框；10—直流配电框

1. DAFU 框
DAFU 框可以选择配置 DDPU 模块、DCOM 模块或者 DFCU 模块、DFCB 模块。

2.1 DTRU 框
DTRU 框最多配置 6 块 DTRU 模块。

3. 风扇框
风扇框配置 1 个风扇盒，内有 4 个风扇和一块风扇监控板。风扇监控板采集机柜底部的进风口温度，根据该温度自动调整风扇的转速。

4. 信号防雷框
信号防雷框位于机柜的右半部，插框内配置有 DMLU 单板、DELU 单板、DGLU 单板、DSCB 单板。

5. 电源框
电源框位于机柜的右下部，插框内配置有：DPMU 模块、DELU 单板。

6．交流配电框

交流配电框内配置 1 个 EMI 滤波器和 1 个交流配电盒，用于控制提供给机柜各个模块的交流电源和保护。交流配电盒包含 4 个 32 A 的空气开关、1 个 10 A 的空气开关和 1 个维护开关。

7．传输设备框

传输设备框用于内置 E1、SDH、微波等多种传输设备或其他用户设备。

8．公共框

公共框位于机柜左上部，插框内配置有 DTMU 单板、DATU 单板、DCSU 单板、DCCU 单板、DABB 单板、DPTU 单板、DGPS 单板。

9．直流配电框

直流配电框内配置 1 个直流配电盒，用于直流电源的分配和保护。直流配电盒上配有 13 个 3V3 电源接口和 16 个电源开关，用于公共框、DAFU 框、DTRU 框、风扇框、热控单元和传输设备空间的直流电源的接入和控制。

（二）天馈

天馈完成上行微弱信号的接收和下行信号的发射。

（三）操作维护设备

操作维护设备实现对 BTS3012AE 的操作维护功能，如安全管理、告警管理、数据配置、维护管理等。BTS3012AE 支持基站近端维护、LMT 维护和网管集中维护三种维护方式。

（四）附属设备

BTS3012AE 系统还可以选配各种附属设备。附属设备可以为 IBBS、传输工程界面箱、电源工程界面箱、传感器或其他监控设备。附属设备完成机柜的备电、传输的引入及环境的监控等功能。

二、GSM 基站日常操作

（一）BTS 操作维护方式

BTS 操作维护方式可分为基站近端维护、LMT 维护和网管集中维护。BTS 操作维护系统组网结构如图 5-16 所示。

可以通用以下三种方式维护 BTS：

（1）基站近端维护方式：由基站维护终端在基站本地通过以太网直接维护 BTS。基站维护终端可以对站点、小区、载频、基带、信道以及单板进行操作维护。基站维护终端用于维护单个 BTS。

（2）LMT 维护方式：由 LMT 通过 BSC 和 BTS 之间的 Abis 接口提供的操作维护链路

维护 BTS（LMT 和 BSC 之间通过局域网通信）。LMT 可以对站点、小区、载频、基带、信道进行操作维护。LMT 维护用于配置和调整 BSC、BTS 的数据。

（3）网管集中维护方式：由华为无线集中网关 iManager M2000 通过操作维护网络维护BTS。M2000 可以对站点、小区、信道、单板进行操作维护。网管集中维护用于同时维护多个 BTS。

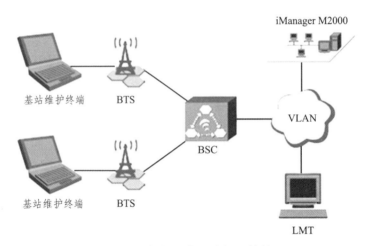

图 5-16　操作维护系统组网结构

（二）BTS 操作维护结构

1. 操作维护硬件结构

BTS3012/BTS3012AE 操作维护硬件结构如图 5-17 所示。

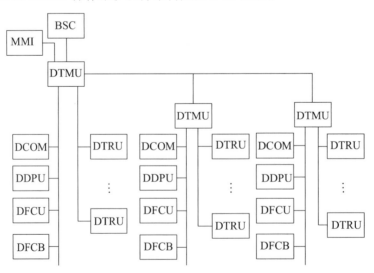

图 5-17　BTS3012/BTS3012AE 操作维护硬件结构

BTS3012/BTS3012AE 的操作维护程序运行在 DTMU 单板上，DTMU 单板向上连接BSC 和 MMI 终端，向下连接各单板和模块。主从 DTMU 单板配合，负责一个站点下所有BTS 设备的操作维护和管理监控功能。

BTS3012/BTS3012AE 的操作维护流程：

（1）主 DTMU 单板接收来自 BSC 或 MMI 终端的操作维护信号，并传送给各从 DTMU 单板。

（2）DTMU 单板将 CBUS2、DBUS 信号经过相关单板转接送至本机柜内的 DTRU 模块进行处理；将 CBUS3 信号通过相关单板转接，送至本机柜内的 DCOM、DDPU、DFCU、DFCB 模块进行处理。

（3）DTRU、DCOM、DDPU、DFCU、DFCB 模块分别把自己的状态上报给本机柜内的 DTMU 单板。

（4）DTMU 单板收集所有单板及模块状态后，进行分析和处理得出 BTS 的状态，然后把 BTS 状态通过 Abis 接口传送给 BSC 和 MMI 终端。

2. 操作维护软件结构

BTS 操作维护软件结构如图 5-18 所示。

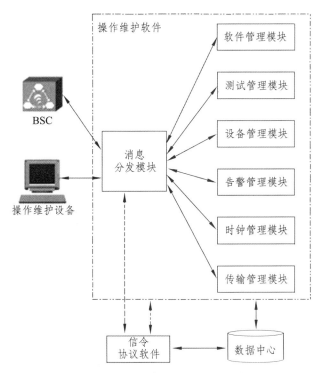

图 5-18　BTS 操作维护软件结构

操作维护软件与信令协议软件、数据中心、BSC 协作完成操作维护/传输管理和时钟管理的功能。操作维护软件主要由以下几部分组成：消息分发模块、软件管理模块、测试管理模块、设备管理模块、告警管理模块、时钟管理模块、传输管理模块。

（三）BTS 操作维护功能

BTS 操作维护提供消息分发、软件管理、测试管理、设备管理、告警管理、时钟管理、传输管理功能。

1. 消息分发

接收 BSC/MMI/其他单板模块的消息并分发到各管理模块。

保证基站各逻辑对象和物理对象的状态在 BSC、主控单板、单板三个实体上一致。

通过基站日志完成基站内部运行状态的记录。

2. 软件管理

支持各单板的软件下载功能。

主要完成站点配置、物理单板配置、动态数据配置功能。

3. 测试管理

支持重要单板的在位检测。

提供载频模块的 Abis 口链路测试、载频模块信道测试、站点/小区/载频/单板自检功能。

4. 设备管理

支持各模块的配置以及管理。

支持主备主控单板温备份管理功能。

5. 告警管理

支持 DBUS、CBUS2 故障管理。

在基站发生运行错误或者存在告警时，给出完整、正确的出错报告。

根据告警的重要性和级别，提供对单板、模块、环境告警合并、屏蔽和上报功能，扩展告警支路号。

6. 时钟管理

BTS 时钟集中供给和管理、时钟单元的热备份。

通过对 BIU 的时隙交换灵活配置，满足基站多种组网方式的需要。

7. 传输管理

主要完成 E1 时隙交换、层一连接管理及信令链路层二的管理。支持 DBUS 扩展，Abis 带宽分配策略优化。

配置有关决定空中接口中物理信道和逻辑信道的参数。包括设置小区属性、载频属性和信道属性三方面。

三、实践活动：GSM 基站操作应用

（一）实践目的

掌握 GSM 基站常用硬件维护项目。

（二）实践要求

各位学员在实验室独立完成，并记录相应结果。

（三）实践内容

对 BTS3012AE 硬件进行例行维护与日常维护，维护项目包括机柜、电源和接地系统、

天馈系统。

1. 机柜维护项目

BTS3012AE 机柜维护任务见表 5.2。

表 5.2　BTS3012AE 机柜维护任务列表

项目	周期	操作指导	参考标准
检查风扇	每周，每月（季）	检查风扇	无相关的风扇告警上报
检查机柜外表	每月（季）	检查机柜外表是否有凹痕、裂缝、孔洞、腐蚀等损坏痕迹，机柜标识是否清晰	—
检查机柜锁和门	每月（季）	机柜锁是否正常，门是否开关自如	—
检查机柜清洁	每月（季）	仔细检查各机柜是否清洁	机柜表面清洁、机框内部灰尘不得过多
检查机柜密封性	每月（季）	检查机柜外壳是否有缝隙	—
检查风扇抽屉除尘	每年	如果风扇抽屉表面及内部灰尘过多，则应清除风扇盒灰尘	—
检查单板指示灯	每月（季）	检查机柜内部各单板的指示灯是否正常	—
检查热交换器	每周，每月（季）	检查热交换器的运行情况	热交换器运行正常，无异常声音，热交换器温度无异常，风扇无故障，温度传感器无异常，加热器无故障等。
检查防静电腕带	每季	使用以下两种方法之一：（1）直接使用防静电腕带测试仪；（2）使用万用表测量防静电腕带接地电阻	若使用防静电腕带测试仪，结果为 GOOD 灯亮。若使用万用表，防静电腕带接地电阻在 0.75 MΩ 到 10 MΩ 范围内

2. 电源和接地系统维护项目

BTS3012AE 电源和接地系统维护任务见表 5.3。

表 5.3　BTS3012AE 电源和接地系统维护任务列表

项目	周期	操作指导	参考标准
检查电源线	每月（季）	仔细检查各电源线连接	连接安全、可靠；电源线无老化，连接点无腐蚀
检查电压	每月（季）	用万用表测量电源电压	在标准电压允许范围内
检查保护地线	每月（季）	检查保护地线（PGND）、机房地线排连接是否安全、可靠	各连接处安全、可靠，连接处无腐蚀；地线无老化；地线排无腐蚀，防腐蚀处理得当
检查接地电阻	每月（季）	用地阻仪测量接地电阻并记录（应在每年的雨季来临前测试）	接地电阻应小于10Ω
检查蓄电池	每年	对各机房供电系统的蓄电池和整流器进行年度巡检	蓄电池容量合格、连接可靠

3. 天馈系统维护项目

BTS3012AE 天馈系统维护任务见表 5.4。

表 5.4　BTS3012AE 天馈系统维护任务列表

项目	周期	操作指导	参考标准
检查铁塔	每半年	检查铁塔的结构情况、结构螺栓连接的松紧情况及铁塔的防腐防锈情况。	铁塔无结构变形和基础沉陷情况；结构螺栓连接松紧适当；铁塔无腐蚀及生锈情况。
检查抱杆	每半年	检查抱杆紧固件的安装情况、拉线塔拉线及地锚的受力情况、抱杆的防腐防锈情况	抱杆的紧固件无松动情况；拉线塔拉线及地锚受力均衡；抱杆无腐蚀及生锈情况
检查天线	每两个月	检查天线是否在避雷针保护区域内，天线支架与铁塔或屋顶的连接情况	避雷针保护区域是避雷针顶点下倾30°范围内；天线支架与铁塔或屋顶的连接牢固可靠
检查馈线	每两个月	检查馈线夹是否有松动情况，馈线体是否有压扁、变形的情况	馈线夹安装牢固；馈线体无明显的折、拧现象，无裸露铜线

过关训练

一、单选题

1. GSM 的载频间隔为（　　）。

A. 15 kHz　　　　　B. 30 kHz　　　　　C. 100 kHz　　　　　D. 200 kHz

2. GSM 的上下行频率间隔为（　　）。

A. 15 MHz　　　　　B. 45 MHz　　　　　C. 50 MHz　　　　　D. 100 MHz

3. GSM 的每载波包含多少个时隙？（　　）

A. 4　　　　　　　　B. 8　　　　　　　　C. 16　　　　　　　D. 32

4. GSM 的 A 接口是哪两个网元之间的接口？（　　）

A. MSC 和 HLR　　　　　　　　　　　B. BTS 和 BSC

C. BSC 和 MSC　　　　　　　　　　　D. MSC 和 VLR

5. GSM 的 Abis 接口是哪两个网元之间的接口？（　　）

A. MSC 和 HLR　　　　　　　　　　　B. BTS 和 BSC

C. BSC 和 MSC　　　　　　　　　　　D. MSC 和 VLR

二、多选题

1. GSM 的关键技术包括哪些？（　　　　）

A. 自动功率控制技术　　　　　B. 分集接收技术　　　C. 跳频技术

D. 均衡技术　　　　　　　　　E. 不连续发射技术

2. GSM 移动通信系统由哪几部分组成？（　　　　）

A. 交换网络子系统　　　　　　B. 无线基站子系统

C. 操作维护子系统　　　　　　D. 移动台（MS）

3. GSM 的逻辑信道可以分为（　　　　）。

A. 业务信道　　　　B. 传输信道　　　　C. 物理信道　　　　D. 控制信道

4. GSM 的广播信道可以分为（　　　）。

A. FCCH　　　　　B. SCH　　　　　C. PCH　　　　　D. BCCH

5. BTS 操作维护方式可分为（　　　）。

A. 基站近端维护　　B. LMT 维护　　　C. 网管集中维护　　D. 代理维护

三、判断题

1. GSM 的一个载波包含 8 个全速率信道、16 个半速率信道。（　　）

2. GSM 移动通信网的组织情况视不同国家地区而定，地域大国家可以分为三级。（　　）

3. 全国 GSM 移动电话网按大区设立一级汇接中心、省内设立二级汇接中心、移动业务本地网设立端局构成三级网络结构。（　　）

4. 移动台申请入网时，向基站发送入网请求信息使用的是 BCCH。（　　）

5. 铁塔巡检维护要求一年一次。（　　）

四、问答题

1. 请简要说明移动台发送信号的处理流程。

2. 请简要说明 GSM 手机的主叫通信流程。

3. 请简要说明 GSM 手机的被叫通信流程。

4. BTS 的操作维护功能有哪些？

项目六　CDMA2000 移动通信系统

【问题引入】

CDMA 系统是一个影响非常广泛的标准，CDMA 技术也是第三代移动通信系统的核心技术。那么 CDMA 的系统由哪些部分组成？ CDMA 的语音业务和数据业务流程是怎样的？ 如何进行 CDMA 基站的操作与维护？ 这是本模块需要涉及与解决的问题。

【内容简介】

本项目介绍 CDMA2000 移动通信网络的特点和主要技术参数、CDMA2000 移动通信系统的基本组成、CDMA2000 主要通信流程、CDMA2000 设备操作与维护等。其中 CDMA2000 移动通信系统的基本组成、CDMA2000 主要通信流程、CDMA2000 设备操作与维护为重要内容。

【项目要求】

识记：熟悉 CDMA2000 移动通信网络的特点和主要技术指标参数等概念

领会：能清楚 CDMA2000 移动通信系统的基本组成、CDMA2000 主要通信流程。

应用：会进行 CDMA2000 设备日常操作维护。

任务一　系统概述

【技能目标】

（1）熟悉 CDMA2000 系统的主要技术指标和参数。

（2）能够结合 CDMA2000 系统的关键技术分析解决问题。

【素质目标】

（1）培养学生努力学习、细心踏实的职业习惯。

（2）培养学生自学和知识总结的职业能力。

移动通信在通信中起越来越重要的作用，CDMA 技术是第三代移动通信系统的核心技术。

一、CDMA 技术的演进和标准

CDMA 是在 90 年代初由 QUALCOMM 公司提出的，CDMA 技术的演进可以分为窄带 CDMA 技术和宽带 CDMA 技术。CDMA 技术的发展如图 6-1 所示。

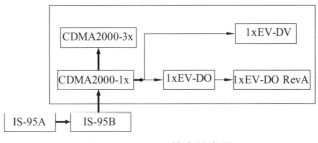

图 6-1　CDMA 技术的发展

　　窄带 CDMA 技术是 CDMA One，是基于 IS-95 标准的各种 CDMA 产品的总称，而 IS-95 又分为 IS-95A 和 IS-95B。IS-95A 是 1995 年美国 TIA 正式颁布的窄带 CDMA（N-CDMA）标准。它主要支持语音业务。IS-95B 是 IS-95A 的进一步发展，于 1998 年制定的标准。IS-95B 通过将多个低速信道捆绑在一起来提供中高速的数据业务。主要目的是能满足更高的比特速率业务的需求。

　　宽带 CDMA 技术是 CDMA2000，是美国向 ITU 提出的第三代移动通信空中接口标准的建议，是 IS-95 标准向第三代演进的技术体制方案。CDMA2000 室内最高数据速率为 2 Mb/s 以上，步行环境时为 384 kb/s，车载环境时为 144 kb/s 以上。CDMA2000 包括 CDMA2000 1X 和三载波方式 3X。

（一）第二代技术标准

　　IS-95A：是 1995 年美国 TIA 正式颁布的窄带 CDMA（N-CDMA）标准。

　　IS-95B：是 IS-95A 的进一步发展，于 1998 年制定的标准。主要目的是能满足更高的比特速率业务的需求，IS-95B 可提供的理论最大比特速率为 115 kb/s，实际只能实现 64 kb/s。

　　IS-95A 和 IS-95B 均有一系列标准，其总称为 IS-95。

　　CDMA One：是基于 IS-95 标准的各种 CDMA 产品的总称，即所有基于 CDMA One 技术的产品，其核心技术均以 IS-95 作为标准。

（二）第三代技术标准

　　CDMA2000：是美国向 ITU 提出的第三代移动通信空中接口标准的建议，是 IS-95 标准向第三代演进的技术体制方案，这是一种宽带 CDMA 技术。

　　IS-2000：是采用 CDMA2000 技术的正式标准总称。IS-2000 系列标准有六部分，定义了移动台和基地台系统之间的各种接口。

　　CDMA2000 1X：是指 CDMA2000 的第一阶段（速率高于 IS-95，低于 2 Mb/s），可支持 308 kb/s 的数据传输、网络部分引入分组交换，可支持移动 IP 业务。

　　CDMA2000 3X：它与 CDMA2000 1X 的主要区别是前向 CDMA 信道采用 3 载波方式，而 CDMA2000 1X 用单载波方式。因此它的优势在于能提供更高的速率数据，但占用频谱资源也较宽，在较长时间内运营商未必会考虑 CDMA2000-3X，而会考虑 CDMA2000 1XEV。

　　CDMA2000 1XEV：是在 CDMA2000 1X 基础上进一步提高速率的增强体制，采用高速率数据（HDR）技术，能在 1.25 MHz（同 CDMA2000 1X 带宽）内提供 2 Mb/s 以上的数据业务，是 CDMA2000 1X 的边缘技术。3GPP 已开始制定 CDMA2000 1XEV 的技术标准，其中用高通公司技术的称为 HDR，用摩托罗拉和诺基亚公司联合开发的技术称为 1XTREME，中国的 LAS-CDMA 也属此列。

CDMA2000 1XEV 系统分为两个阶段，即 1x 演进数据业务（1x EV-DO）和 1x 演进数据话音业务（1x EV-DV）。DO 是 Data Only 的缩写，1x EV-DO 通过引入一系列新技术，提高了数据业务的性能。DV 是 Data and Voice 的缩写，1x EV-DV 同时改善了数据业务和语音业务的性能。

CDMA 技术空中接口的演进如图 6-2 所示。

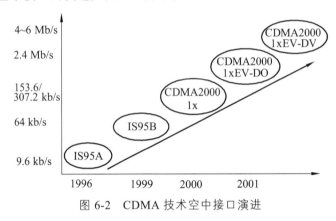

图 6-2　CDMA 技术空中接口演进

二、技术指标及参数

CDMA2000 最终正式标准是 2000 年 3 月通过的，表 6.1 归纳了 CDMA2000 系列的主要技术指标及参数。

表 6.1　CDMA2000 系列的主要技术指标及参数

占用带宽（MHz）	1.25	3.75	7.5	11.5	15
无线接口来源于	IS-95				
网络结构来源于	IS-41				
业务演进来源于	IS-95				
最大用户比特率（bit/s）	307.2 k	1.036 8 M	2.073 6 M	2.457 6 M	
码片速率（Mbit/s）	1.228 8	3.686 4	7.372 8	11.059 2	14.745 6
帧的时长（ ）	典型为 20，也可选 5，用于控制				
同步方式	IS-95（使用 GPS，使基站之间严格同步）				
导频方式	IS-95（使用公共导频方式，与业务码码复用）				

分析表 6.1，与 CDMA one 相比，CDMA2000 有下列技术特点：

（1）多种信道带宽。前向链路上支持多载波（MC）和直扩（DS）两种方式，反向链路仅支持直扩方式。当采用多载波方式时，能支持多种射频带宽，即射频带宽可为 $N×$ 1.25 MHz，其中 $N=1、3、5、9$ 或 12。目前技术仅支持前两种，即 1.25 MHz（CDMA2000-1X）和 3.75 MHz（CDMA2000-3X）。

（2）与现存的 95 系统具有无缝的互操作性和切换能力，可实现 CDMA one 向 CDMA2000

系统平滑过渡演进。

（3）在同步方式上，沿用 IS-95 方式采用 GPS 使基站间严格同步，以取得较高的组网与频谱利用效率，可以更加有效地使用无线资源。

（4）核心网协议可使用 IS-41、GSM-MAP 以及 IP 骨干网标准。

（5）前向发送分集。

（6）快速前向功率控制。

（7）使用 Turbo 码。

（8）辅助导频信道。

（9）灵活帧长：5 ms、20 ms、40 ms、80 ms。

（10）反向链路相干解调。

（11）可选择较长的交织器。

（12）支持软切换和更软切换。

（13）采用短 PN 码，通过不同的相位偏置区分不同的小区，采用 Walsh 码区分不同信道，采用长 PN 码区分不同用户。

（14）话音用户容量是 IS-95A/B 的 1.5～2 倍，数据业务吞吐能力提高 3 倍以上。

三、关键技术

（一）CDMA2000 1x EV-DO 关键技术

CDMA2000 1x EV-DO 关键技术有前向时分复用、调度算法、前向虚拟切换、自适应编码与调制、Hybrid-ARQ 和反向信道增强。

1. 前向时分复用技术

在 EV-DO 中，前向信道作为一个"宽通道"，供所有的用户时分共享。最小分配单位是时隙（slot），一个时隙有可能分配给某个用户传送数据或是分配给开销消息（称为 active slot），也有可能处于空闲状态，不发送任何数据（称为 idle slot）。前向时分复用技术如图 6-3 所示。

2. 调度算法

调度算法的作用：由于前向业务信道时分复用，具体某一时刻向哪一个用户发送数据需要调度程序根据一定的调度策略来决定。

调度算法的目标：同一扇区下所有用户尽可能公平；扇区总吞吐量尽可能最大。

3. 前向虚拟切换

EV-DO 系统跟任何 CDMA 系统一样，支持软切换、更软切换（soft/softer handoff）。但是 EV-DO 软切换跟 1x 语音有一个区别在

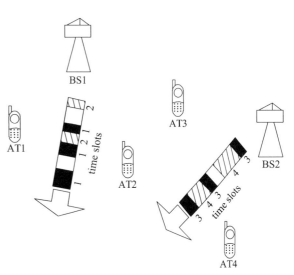

图 6-3 前向时分复用技术示意图

于：对于语音系统，当一个手机处于软切换中时，反向有几条链路，前向就有几条链路；但是在 EV-DO 系统中，当一个手机处于 n 方软切换时，反向跟语音一样有 n 条腿，而前向在任何时候只有一条链路。

这样就导致了 EV-DO 系统中一种特殊的切换，前向虚拟软切换（virtual soft handoff），它的定义是：在 EV-DO 系统中，任何一个时刻对同一个 AT，最多只有一个扇区（serving sector）在给该 AT 发送数据，即只有一条链路；AT 根据前向信道的好坏决定谁是当前的服务扇区（serving sector）。AT 选择服务扇区的过程就是虚拟软切换，有时也称快速扇区选择（Fast Cell Site Selection）。

前向虚拟切换示意图如图 6-4 所示，快速扇区选择如图 6-5 所示。

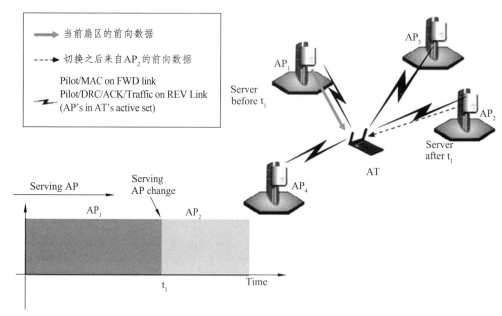

图 6-4　前向虚拟切换示意图

Serving Sector Selection

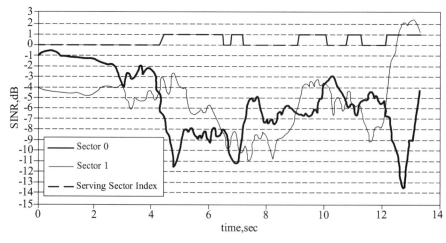

图 6-5　快速扇区选择

4. 自适应编码与调制

1xEV-DO 系统能根据前向信道的变化情况自动调整前向信道的数据速率（从 38.4 ～ 2.457 6 Mb/s）、调制方式（QPSK、8-PSK、16QAM）、Turbo 编码率（2/3、1/3、1/5）。信道环境好的时候使用较高的速率等级，信道环境差的时候使用较低的速率等级。

前向信道自适应调整机制，是通过 AT 不停地测量前向信道的状况，并将这些信息通过 DRC 信道以 600 Hz 的更新速率反馈给网络，网络然后根据这些信息决定下一时隙的速率等级。

5. Hybrid ARQ

Hybrid ARQ 基于以下基本原理：在前向信道发包时，一般一个包会占用多个时隙（比如一个 153.6 kb/s 的包就要占用 4 个时隙）。由于包在发送前，经过了很复杂的处理，包括 Turbo 编码、信道交织、重复，最后发送的符号里面包含了很多冗余的信息，终端有可能在收到部分符号后即正确地解调出完整的数据包。那么在这种情况下，余下的时隙就可以不再发送，从而节省了前向信道的时隙资源。

整个过程的实现机制：AT 根据前向信道的质量，估计下一时刻自己能正确接收的最大速率，并将该信息通过 DRC 信道通知 AN；当调度到该 AT 时，AN 按照 AT 指定的速率，向 AT 发送前向业务包；AT 通过 Ack 信道向 AN 反馈接收的情况，没能正确解调当前包则发送 Nak 比特，如果正确解调了当前包则发送 Ack 比特；AN 如果接收到 AT 的 Ack 比特，则停止当前包的发送而开始下一个包。

6. 反向信道增强

使用反向导频信道，网络可使用相干解调；使用定长帧结构（16 slots），低码率的 Turbo 编码（1/2 和 1/4）；反向信道速率可从 9.6 ～ 153.6 kb/s 变化，并专门使用一个信道（RRI）指示反向信道速率，避免网络侧的速率判决；分布式的反向速率动态指派，AT 根据要发送的数据量、最高速率限制、反向信道的忙闲（RAB）自行决定发送速率。

（二）其他关键技术

1. 前向快速寻呼信道技术

此技术有两个用途：

1）寻呼或睡眠状态的选择

因基站使用快速寻呼信道向移动台发出指令，决定移动台是处于监听寻呼信道状态还是处于低功耗的睡眠状态，这样移动台便不必长时间连续监听前向寻呼信道，可减少移动台激活时间和节省移动台功耗。

2）配置改变

通过前向快速寻呼信道，基站向移动台发出最近几分钟内的系统参数消息，使移动台根据此新消息作相应设置处理。

2. 前向链路发射分集技术

CDMA2000 1x 采用直接扩频发射分集技术，它有两种方式。

1）正交发射分集方式

方法是先分离数据流再用不同的正交 Walsh 码对两个数据流进行扩频，并通过两个发射天线发射。

2）空时扩展分集方式

使用两根空间分离天线发射已交织的数据，使用相同原始 Walsh 码信道。

使用前向链路发射分集技术可以减少发射功率，抗瑞利衰落，增大系统容量。

3. 反向相干解调

基站利用反向导频信道发送的扩频信号捕获移动台的发射，再用 RAKE 接收机实现相干解调，与 IS-95 采用非相干解调相比，提高了反向链路性能，降低了移动台发射功率，提高了系统容量。

4. 连续的反向空中接口波形

在反向链路中，数据采用连续导频，使信道上数据波形连续，此措施可减少外界电磁干扰，改善搜索性能，支持前向功率快速控制以及反向功率控制连续监控。

5. Turbo 码使用

Turbo 码具有优异的纠错性能，适于高速率对译码时延要求不高的数据传输业务，并可降低对发射功率的要求、增加系统容量，在 CDMA2000 1x 中 Turbo 码仅用于前向补充信道和反向补充信道中。Turbo 编码器由两个 RSC 编码器（卷积码的一种）、交织器和删除器组成。每个 RSC 有两路校验位输出，两个输出经删除复用后形成 Turbo 码。Turbo 译码器由两个软输入、软输出的译码器、交织器、去交织器构成，经对输入信号交替译码、软输出多轮译码、过零判决后得到译码输出。

6. 灵活的帧长

与 IS-95 不同，CDMA2000 1x 支持 5 ms、10 ms、20 ms、40 ms、80 ms 和 160 ms 多种帧长，不同类型信道分别支持不同帧长。前向基本信道、前向专用控制信道、反向基本信道、反向专用控制信道采用 5 ms 或 20 ms 帧，前向补充信道、反向补充信道采用 20 ms、40 ms 或 80 ms 帧，语音信道采用 20 ms 帧。较短帧可以减少时延，但解调性能较低；较长帧可降低对发射功率要求。

7. 增强的媒体接入控制功能

媒体接入控制子层控制多种业务接入物理层，保证多媒体的实现。它实现语音、分组数据和电路数据业务同时处理、发送、复用和 QOS 控制，提供接入程序。与 IS-95 相比，可以满足宽带更宽和更多业务的要求。

（三）实践活动：快速功率控制技术的实现

1. 实践目的

熟悉快速功率控制技术的实现。

2. 实践要求

各位学员分别独立完成。

3. 实践内容

熟悉下列 CDMA2000 采用快速功率控制方法。

CDMA2000 采用快速功率控制，方法是移动台测量接收到的业务信道的 E_b/N_0，并与门限值比较，根据比较结果，向基站发出调整基站发射功率的指令，功率控制速率可以达到 800 b/s。前向闭环功率控制如图 6-6 所示，反向闭环功率控制如图 6-7 所示。

由于使用快速功率控制，可以达到减少基站发射功率、减少总干扰电平，从而降低移动台信噪比要求，最终可以增大系统容量。

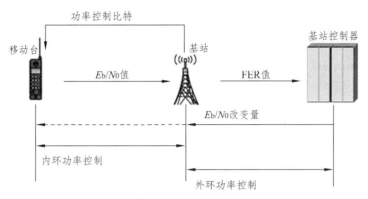

图 6-6　反向闭环功率控制

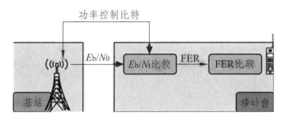

图 6-7　前向闭环功率控制

任务二　系统结构

【技能目标】

（1）熟悉 CDMA2000 系统的组成。

（2）熟悉 CDMA2000 系统主要接口的作用。

（3）能够根据 CDMA2000 组网技术规划设计现有网络架构。

【素质目标】

（1）培养学生善于分析解决问题的职业素质。

（2）培养学生全程全网的职业意识。

一、CDMA2000 系统结构

（一）CDMA2000 1X 系统结构

CDMA2000 1X 系统结构如图 6-8 所示，在该系统当中，核心网包含电路域和分组域。其中电路域的 MSC（Mobile-services Switching Center，移动业务交换中心）完成语音业务的处理，分组域的 PDSN（Packet Data Serving Node，分组数据服务节点）完成低速数据业务的处理。

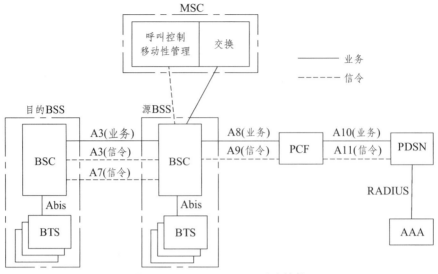

图 6-8　CDMA2000 1X 系统结构

与 IS-95 系统相比，CDMA2000 1X 系统的网络模型中新增的主要功能实体为：

分组控制功能模块 PCF：PCF 负责与 BSC 配合，完成与分组数据有关的无线信道控制功能。PCF 与 BSC 间的接口为 A8/A9 接口。

分组数据服务节点 PDSN：PDSN 负责管理用户通信状态（点对点连接的管理），转发用户数据。当采用移动 IP 技术时，PDSN 中还应增加外部代理 FA 功能。FA 负责提供隧道出口，并将数据解封装后发往 MS。PDSN 与 PCF 间的接口为 A10/A11 接口。

鉴权、认证和计费模块 AAA：AAA 负责管理用户，其中包括用户的权限、开通的业务、认证信息、计费数据等内容。目前，AAA 采用的主要协议为远程鉴权拨号用户业务 RADIUS 协议，所以 AAA 也可直接称为 RADDIUS 服务器。这部分功能与固定网使用的 RADDIUS 服务器基本相同，仅增加了与无线部分有关的计费信息。

本地代理 HA：HA 负责将分组数据通过隧道技术发送给移动用户，并实现 PDSN 之间的移动管理。

CDMA 系统采用模块化的结构，将整个系统划分为不同的子系统，每个子系统由多个功能实体构成，实现一系列的功能。不同子系统之间通过特定的接口相连，共同实现各种业务。CDMA 系统主要包括如下部分：

移动台 MS：即移动终端，包括射频模块、核心芯片、上层应用软件和 UIM 卡。

无线接入网 RAN：由 BSC、BTS 和 PCF 构成。

核心网：包括核心网电路域和核心网分组域。

电路域包括：交换子系统，由 MSC、VLR、HLR 和 AC 构成；智能网，由 SSP、SCP 和 IP 构成；短消息平台，由 MC 和 SME 构成；定位系统，由 MPC 和 PDE 构成。

分组域包括：分组子系统，由 PDSN、AAA 和 HA 构成；分组数据业务平台，由综合管理接入平台、定位平台、WAP 平台、JAVA 平台、BREW 平台组成。

CDMA2000 1X EV-DO 系统结构如图 6-9 所示，在该系统当中，核心网仅包含分组域。分组域的 PDSN 完成高速数据业务的处理。与 CDMA2000 1X 系统不同的是，在 CDMA2000 1X EV-DO 系统中，其用户接入网络时的身份认证将不通过 HLR（Home Location Register，归属位置寄存器）进行，而是通过 AN-AAA（Access Network-Authentication Accounting Authorization Server，接入网鉴权、授权与计账服务器）对其用户进行身份认证。

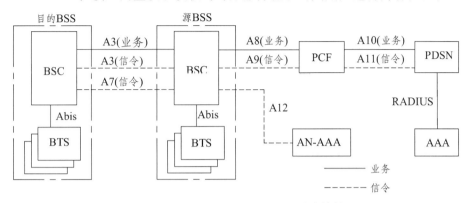

图 6-9　CDMA2000 1X EV-DO 系统结构

二、CDMA2000 无线接入网技术

无线接入网由 BSC、BTS 和 PCF 组成，其中 BSC 和 BTS 合称为 BSS。CDMA2000 接口如图 6-10 所示。

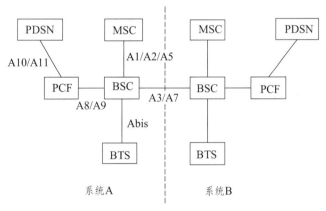

图 6-10　CDMA2000 接口

主要接口参考点分为四类：A、Ater、Aquinter 和 Aquater。各参考点的分类以及功能见表 6.2。

表 6.2　各参考点的分类以及功能

接口参考点分类	接口	接口的主要功能
A	A1	用于传输 MSC（呼叫控制和移动性管理功能）和 BS（BSC 的呼叫控制）之间的信令消息
	A2	在 MSC 的交换部分与下述单元之间传输业务信息：BS 的信道单元部分（模拟空中接口的情况下）、选择/分配单元 SDU 功能（数字空中接口的话音呼叫的情况下）
	A5	传输 IWF 和 SDU 之间的全双工数据流

续表

接口参考点分类	接口	接口的主要功能
Ater	A3	传输 BSC 和 SDU 之间的用户话务（语音和数据）和信令，A3 接口包括独立的信令和话务子信道
	A7	传输 BSC 之间的信令，支持 BSC 之间的软切换
Aquinter	A8	传输 BS 和 PCF 之间的用户业务
	A9	传输 BS 和 PCF 之间的信令业务
Aquater	A10	传输 PDSN 和 PCF 之间的用户业务
	A11	传输 PDSN 和 PCF 之间的信令业务

三、CDMA2000 分组域网络技术

为支持最新引入的高速分组数据业务，3GPP2 为无线网络的分组域技术设定了如下的设计目标：

（1）支持动态和静态归属地址配置，同一时刻支持多个 IP 地址。

（2）提供无缝漫游服务。

（3）提供可靠的认证与授权服务。

（4）提供 QoS 服务，以支持不同等级的业务。

（5）提供计费服务，支持根据 QoS 信息计费，支持对漫游用户的计费等。

3GPP2 网络的分组域功能模型如图 6-11 所示。

3GPP2 网络的分组域功能模型中各个实体的功能如下：

归属代理 HA：对移动台发出的移动 IP 注册请求进行认证；从 AAA 服务器获得用户业务信息；把由网络侧来的数据包正确传输至当前为移动台服务的外地代理 FA；为移动用户动态指定归属地址。

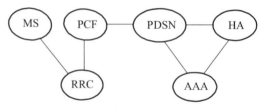

图 6-11　3GPP2 网络的分组域功能模型

分组数据业务节点 PDSN：建立、维护与终止与移动台的 PPP 连接；为简单 IP 用户指定 IP 地址；为移动 IP 业务提供 FA 的功能；与 AAA 服务器通信，为移动用户提供不同等级的服务，并将服务信息通知 AAA；与 PCF 共同建立、维护及终止第二层的连接。

分组控制功能 PCF：建立、维护与终止和 PDSN 的第二层链路连接；与 PDSN 交互以便支持休眠切换；与 RRC 联系请求与管理无线资源，并记录无线资源的状态；在移动用户不能获得无线资源时，提供数据分组的缓存功能；收集与无线链路有关的计费信息，并通知 PDSN。

无线资源控制 RRC：建立、维护与终止为分组用户提供的无线资源；管理无线资源，记录无线资源状态。

鉴权、认证和计费 AAA：业务提供网络的 AAA 负责在 PDSN 和归属网络之间传递认证和计费信息；归属网络的 AAA 对移动用户进行认证、授权与计费；中介网络的 AAA 在归属网络与业务提供网络之间进行消息的传递与转发。

移动台 MS：建立、维护与终止和 PDSN 的数据链路协议；请求无线资源，并记录无线资源的状态；在不能获得无线资源时，提供数据分组的缓存功能；初始休眠切换。

CDMA2000 分组域的网络参考模型包括基于简单 IP（SIP）的网络参考模型和基于移动 IP（MIP）的网络参考模型两种。其中，MIP 业务是 CDMA2000 网络中最基本的分组数据业务模式，类似于拨号业务。MIP 业务则为移动数据业务用户提供了更加完善的移动性服务，如移动数据用户可在无线网络内获得无缝服务，与之对应的分组域技术也有所不同。

任务三　通信流程

【技能目标】

（1）能够分析 CDMA2000 语音业务流程。

（2）能够分析 CDMA2000 数据业务流程。

【素质目标】

（1）培养学生善于分析解决问题的职业素质。

（2）培养学生团队协作意识和技术沟通的职业能力。

CDMA2000 业务流程包括：语音业务流程、登记流程、数据业务流程、切换流程和电路型数据业务流程。各种不同流程由 CDMA 网络中的 MS、BSS 等各相关部分通过消息交互，共同协作完成。本任务重点描述语音业务流程和数据业务流程。

一、语音业务流程

语音业务的典型流程包括移动台起呼、移动台被呼。

（一）移动台起呼

移动台起呼的流程如图 6-12 所示，图中各个阶段解释如下：

A：MS 在空中接口的接入信道上向 BSS 发送 Origination Message，并要求 BSS 应答。

B：BSS 收到 Origination Message 后向移动台发送 BS Ack Order。

C：BSS 构造 CM Service Request 消息，封装后发送给 MSC。对于需要电路交换的呼叫，BSS 可以在该消息中推荐所需地面电路，并请求 MSC 分配该电路。

D：MSC 向 BSS 发送 Assignment Request 消息，请求分配无线资源；如果 MSC 能够支持 BSS 在 CM Service Request 消息中推荐的地面电路，那么 MSC 将在 Assignment Request 消息中指配该地面电路；否则指配其他地面电路。

E：BSS 为移动台分配业务信道后，在寻呼信道上发送 Channel Assignment Message / Extended Channel Assignment Message，开始建立无线业务信道。

F：移动台在指定的反向业务信道上发送 Traffic Channel preamble （TCH Preamble）。

G：BSS 捕获反向业务信道后，在前向业务信道上发送 BS Ack Order，并要求移动台应答。

H：移动台在反向业务信道上发送 MS Ack Order，应答 BSS 的 BS Ack Order。

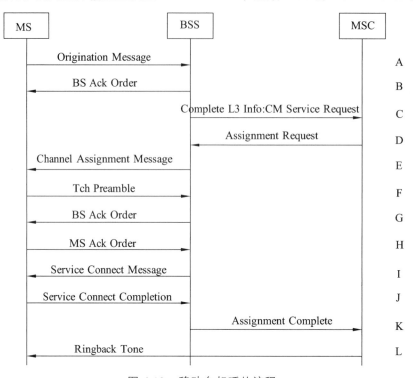

图 6-12　移动台起呼的流程

I：BSS 向移动台发送 Service Connect Message / Service Option Response Order，以指定用于呼叫的业务配置。

J：移动台收到 Service Connect Message 后，移动台开始根据指定的业务配置处理业务，并以 Service Connect Completion Message 作为响应。

K：无线业务信道和地面电路均成功连接后，BSS 向 MSC 发送 Assignment Complete message，并认为该呼叫进入通话状态。

L：在带内提供呼叫进程音的情况下，回铃音将通过话音电路向移动台发送。

（二）移动台被呼

移动台被呼的流程如图 6-13 所示，图中各个阶段解释如下：

A：当被寻呼的 MS 在 MSC 的服务区内时，MSC 向 BSS 发送 Paging Request 消息，启动寻呼 MS 的呼叫建立过程。

B：BSS 在寻呼信道上发送带 MS 识别码的 General Page Message。

C：MS 识别出寻呼信道上包含它的识别码的寻呼请求后，在接入信道上向 BSS 回送 Page Response Message。

D：BSS 利用从 MS 收到的信息组成一个 Paging Response 消息，封装后发送到 MSC。BSS 可以在该消息中推荐所需的地面电路，并请求 MSC 分配该电路。

E：BSS 收到 Paging Response 消息后向移动台发送 BS Ack Order。

F ~ M：请参照移动台起呼流程的 D ~ K 步骤。

N：BSS 发送带特定信息的 Alert with Info 消息给 MS，指示 MS 振铃。

O：MS 收到 Alert with Info 消息后，向 BSS 发送 MS Ack Order。

P：当 MS 应答这次呼叫时（摘机），MS 向 BSS 发送带层 2 证实请求的 Connect Order 消息。

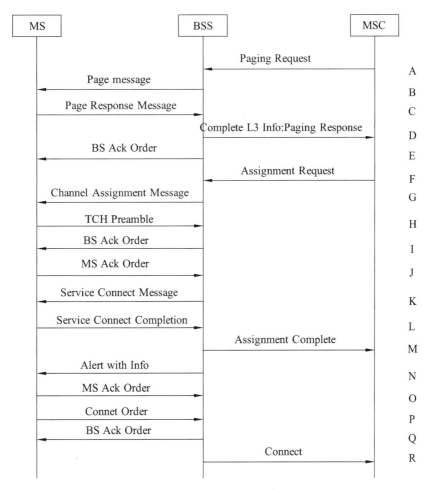

图 6-13　移动台被呼的流程

Q：收到 Connect Order 消息后，BSS 在前向业务信道上向 MS 回应 BS Ack Order。

R：BSS 发送 Connect 消息通知 MSC 移动台已经应答该呼叫。此时认为该呼叫进入通话状态。

二、数据业务流程

在 CDMA2000 1x 数据业务流程中，无线数据用户存在以下三种状态：

激活态（ACTIVE）：手机和基站之间存在空中业务信道，两边可以发送数据，A1、A8、A10 连接保持；休眠状态（Dormant）：手机和基站之间不存在空中业务信道，但是两者之间存在 PPP 链接，A1、A8 连接释放，A10 连接保持；空闲状态（NULL）：手机和基站不存在空中业务信道和 PPP 链接，A1、A8、A10 连接释放。

（一）移动台起呼

移动台的数据业务起呼流程如图 6-14 所示。

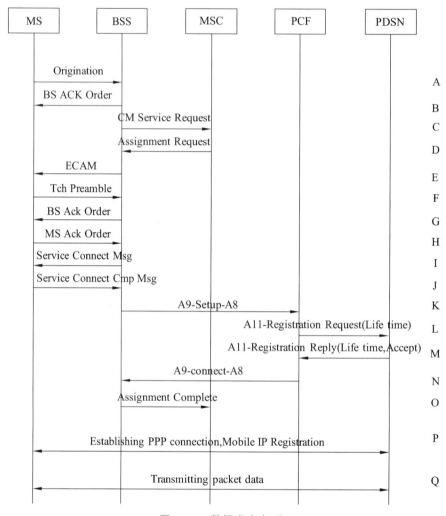

图 6-14　数据业务起呼

图中各个阶段解释如下：

A：MS 在空中接口的接入信道上向 BSS 发送起呼消息。

B：BSS 收到起呼消息后向 MS 发送基站证实指令。

C：BSS 构造一个 CM 业务请求消息发送给 MSC。

D：MSC 向 BSS 发送指配请求消息以请求 BSS 分配无线资源。

E：BSS 将在空中接口的寻呼信道上发送信道指配消息。

F：MS 开始在分配的反向业务信道上发送前导。

G：获取反向业务信道后 BSS 将在前向业务信道上向 MS 发送证实指令。

H：MS 收到基站证实指令后发送移动台证实指令，并且在反向业务信道上传送空的业务帧。

I：BSS向MS发送业务连接消息/业务选择响应消息，以指定用于呼叫的业务配置，MS开始根据指定的业务配置处理业务。

J：收到业务连接消息后MS响应一条业务连接完成消息。

K：BSS向PCF发送A9-Setup-A8消息，请求建立A8连接。

L：PCF向PDSN发送A11-Registration-Request消息，请求建立A10连接。

M：PDSN接受A10连接建立请求，向PCF返回A11-Registration-Reply消息。

N：PCF向BSS返回A9-Connect-A8消息，A8与A10连接建立成功。

O：无线业务信道和地面电路均建立并且完全互通后，BS向MSC发送指配完成消息。

P：MS与PDSN之间协商建立PPP连接，Mobile IP接入方式还要建立Mobile IP连接，PPP消息与Mobile IP消息在业务信道上传输，对BSS/PCF透明。

Q：PPP连接建立完成后，数据业务进入连接态。

（二）移动台发起的呼叫释放

移动台发起的呼叫释放流程如图6-15所示。

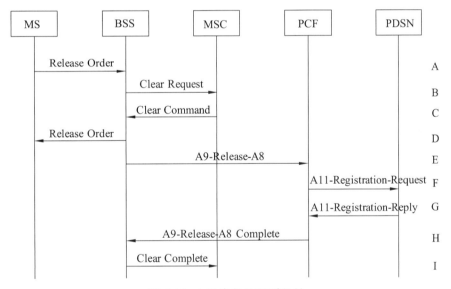

图6-15　MS发起的呼叫释放

图中各个阶段解释如下：

A：MS在空中接口专用控制信道上向BSS发送Release Order消息。

B：BSS收到该消息后，向MSC发送Clear Request。

C：MSC在释放网络侧资源的同时，向BSS发送Clear Command。

D：BSS收到该消息后，向MS发送Release Order消息。

E：BSS向PCF发送A9-Release-A8消息，请求释放A8连接。

F：PCF通过A11-Registration-Request消息向PDSN发送一个激活停止结算记录。

G：PDSN返回A11-Registration-Reply消息。

H：PCF用A9-Release-A8 Complete消息确认A8连接释放，连接释放完成。

I：BSS向MSC发送Clear Complete消息，表明释放完成。

任务四　系统设备与维护

【技能目标】

（1）能够完成 CDMA2000 基站机柜组装。
（2）能够进行 CDMA2000 基站日常操作。
（3）能够进行 CDMA2000 基站日常维护。

【素质目标】

（1）培养学生安全生产意识和自我保护能力。
（2）培养学生维护思维和规范操作的职业素质。
（3）培养学生善于分析解决问题的职业素质。

CDMA2000 基站系统由 BSC（ZXC10 BSCB）和
BTS（ZXC10 CBTS I2）组成，如图 6-16 所示。

BSC（Base Station Controller，基站控制器）处
于 BTS 和 MSC 之间，其主要功能是进行无线信道管
理，实施呼叫和通信链路的建立和拆除，并对本控制
区内移动台的越区切换进行控制等。

BTS 处于 BSC 和 MS（Mobile Station，移动台）
之间，由 BSC 控制，服务于某个小区或多个逻辑扇
区的无线收发设备。在前向，基站通过 Abis 接口接
收来自 BSC 的数据，对数据进行编码和调制，再把

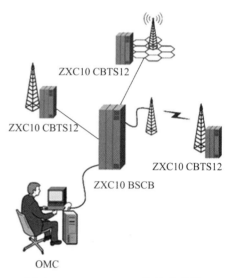

图 6-16　CDMA2000 基站系统图

基带信号变为射频信号，经过功率放大器、射频前端和天线发射出去。在反向，基站通过天
馈和射频前端接收来自移动台的微弱无线信号，经过低噪声放大和下变频处理，再对信号进
行解码和解调，通过 Abis 接口发送到 BSC 去。

一、ZXC10 BSCB 硬件结构

（一）BSCB 整体架构

从 BSC 的外观来看，它主要由 BSC 机架、插箱、前面板和
背板 4 部分组成。其中，插箱包含配电插箱、风扇插箱、业务
插箱（包括一级交换框、控制框、资源框）和 GCM（GPS Control
Module，GPS 控制模块）插箱（又叫 GSM 框几种类型）。一个
BSC 机架包含 4 个框，一个框有 17 块前面板和背板，如图 6-17
所示。

BSCB 分为 3 个子系统，分别为 BPSN、BCTC 和 BUSN。
其中，一级交换子系统 BPSN（Backplane of Packet Switch
Network，分通交换网背板）是 BSC 媒体流的处理中心；控制子
系统 BCTC（Backplane of Control Center，控制中心背板）是 BSC

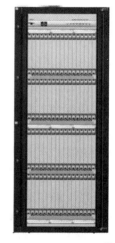

图 6-17　ZXC10 BSCB 的外观

项目六　CDMA2000移动通信系统

153

的控制中心，负责整个系统的信令处理以及时钟信号的产生；资源管理子系统 BSUN（Backplane of Universal Switching Network，通用交换网背板）用来处理相关的底层协议，提供不同接入口以及资源的处理。

（二）BSCB 单板组成

BSCB 前面板如图 6-18 所示，BSCB 后背板如图 6-19 所示。

Primary Switching shelf(BPSN)

1	2	3	4	5	6	7	8	9	10	11	12	13	14	15	16	17
GLIQV	GLIQV	GLIQV	GLIQV	GLIQV	GLIQV	PSN4V	PSN4V	GLIQV	GLIQV	GLIQV	GLIQV	GLIQV	GLIQV	UIMC	UIMC	NC

Control shelf(BCTC)

1	2	3	4	5	6	7	8	9	10	11	12	13	14	15	16	17
MP	MP	MP	MP	MP	MP	MP	MP	UIMC	UIMC	OMP	OMP	CLKG	CLKG	CHUB	CHUB	NC

Resource shelf(BUSN)

1	2	3	4	5	6	7	8	9	10	11	12	13	14	15	16	17
DTB	DTB	DTB	SDU	IPCF	IPCF	ABPM	ABPM	UIMU	UIMU	UPCF	UPCF	SPB	SDU	SDU	VTC	VTC
														GCM	GCM	

图 6-18　BSCB 前面板

Primary Switching shelf(BPSN)

1	2	3	4	5	6	7	8	9	10	11	12	13	14	15	16	17
NC	NC	NC	NC	NC	NC	NC	NC	NC	NC	NC	NC	NC	NC	RUIM2	RUIM3	NC

Control shelf(BCTC)

1	2	3	4	5	6	7	8	9	10	11	12	13	14	15	16	17
NC	NC	NC	NC	NC	NC	NC	NC	RUIM2	RUIM3	RMPB	RMPB	RCKG1	RCKG2	RCHB1	RCHB2	NC

Resource shelf(BUSN)

1	2	3	4	5	6	7	8	9	10	11	12	13	14	15	16	17
RDTB	RDTB	RDTB	NC	RMNIC	RMNIC			RUIM1	RUIM1	NC	NC	NC	NC	NC	NC	NC
														GCM	GCM	

图 6-19　BSCB 后背板

1. 控制框

控制子系统是 BSC 的控制中心，负责整个系统的信令处理以及时钟信号的产生。控制框包括：MP（Main Processors，主处理板）、OMP（Operation & Maintenance Processor，操作维护处理器）、UIMC（Universal Interface Module for BCTC，BCTC 框通用接口模块）、CHUB（Control HUB，按制面以太网互连单元）、CLKG（Clock Generator Board，时钟生成板）、CLKD（Clock Driver，时钟分发驱动器）等单板。

1）MP 单板

MP 板即主处理板，每块 MP 单板有两个独立的 CPU 可以存放两个 MP 逻辑功能模块。

2）UIMC 单板

UIMC 板即通用接口板，UIMC 主要提供子系统内部各业务单板之间的控制面以太网交换功能，与控制面汇聚中心（CHUB）的汇接功能，提供系统时钟接口分发功能。UIMC 仅进行控制流的交互，不进行媒体流的交互。

3）CHUB 单板

CHUB 板即控制面汇聚中心板，提供整个 BSC 控制面的汇接功能。当系统配置大于 2 × BUSN + 1 × BCTC 的容量后，需要配置 CHUB 单板。每个 CHUB 单板可以提供 21 个 BUSN 或 BPSN 子系统的控制面接入能力，CHUB 模块对外提供 46 个 100 Mb/s 以太网接口。

4）CLKG 单板

CLKG 板为 BSC 系统的时钟生成板。一对 CLKG 只能对外提供 15 组的时钟输出，当超过这个限制时则要增配 CLKD 扩展时钟输出。

CLKG 单板有四路时钟源，分别为：

（1）从 GCM 获取 PP2S/16 chips 时钟。

（2）从 DTB 获取 8 kHz 时钟（来源于 MSC）。

（3）从 GCM 获取 8 kHz 时钟。

（4）从时钟综合大楼获取 2 MHz 时钟。

2. 资源框

资源子系统用来处理相关的底层协议，提供不同接入接口以及资源的处理。资源框包括：UIMU（Universal Interface Module for BUSN，BUSN 框通用接口模块）、DTB（Digital Trunk Board，数字中继板）、SDTB（Sonet Digital Trunk Board，光数字中继板）、ABPM（Abis processing，Abis 接口处理模块）、SDU（Service Data Unit，业务数据单元）、SPB（Signaling Process Board，信令处理板）、VTC（Voice Transcoder Card，语音码里转换单元）、IPCF（PCF Interface Module，PCF 接口模块）、UPCF（User Plane of PCF，分组控制功能用户面处理单元）、IPI（IP Bearer Interface，IP 承载接口板）、SIPI（SIGTRAN IP Bearer Interface，SIGTRAN IP 承载接口板）等单板。

1）UIMU 单板

UIMU 板即通用接口模块，是 BUSN 的交换中心，实现媒体流和控制流的交互，从 CLKG 获取时钟并分布到框中的其他单板，它提供 2 个 FE 端口用于控制流交互，2 个 GE 端口用于媒体流交互。

2）DTB 单板

DTB 板即数字中继板，一个 DTB 可以提供 32 条 E1，提供与 BTS 和 MSC 的连接，并为

CLKG 提供 8 kHz 时钟参考。

3）ABPM 单板

ABPM 即 Abis 接口处理板，ABPM 用于 Abis 接口的协议处理，提供低速链路完成 IP 业务承载的相关 IP 压缩协议处理。

4）SDU 单板

SDU 即业务数据单元，SDU 用来处理无线语音和数字协议信号，选择和分离语音和数字业务。可提供 480 路选择器单元（SE）。

5）SPB 单板

SPB 即信令处理板，SPB 主要完成窄带信令处理，可处理多路 7 号信令的 MTP-2（消息传递部分级别 2）以下层协议处理。

6）VTC 单板

VTC 即语音码型转换板，VTC 实现语音编解码功能，可提供 480 路编解码单元，支持 QCELP8K、QCELP13K 和 EVRC 的功能。VTC 模块包括两种类型：VTCD 和 VTCA。VTCD 是基于 DSP 的码型变换板，VTCA 是基于 ASIC 的码型变换板。

7）IPCF 单板

IPCF 即 PCF 接口板，IPCF 实现 PCF 对外分组网络的接口，接收外部网络来的 IP 数据，进行数据的区分，分发到内部对应的功能模块上。IPCF 可以为 PCF 对外提供 4 个 FE 端口，用来连接 PDSN 和 AN-AAA。

8）UPCF 单板

UPCF 即 PCF 用户处理板，UPCF 提供 PCF 用户协议处理、PCF 的数据缓存、排序以及一些特殊协议处理的支持。

9）IPI 单板

IPI 即承载接口板，IPI 用于实现 BSC 与 MGW（媒体网关）的 A2p 接口功能。

10）SIPI 单板

SIPS 即 SIGTRAN IP 承载接口板，SIPI 用于实现 BSC 与 MSCe（移动交换中心仿真）的 A1p 接口功能。

3. 交换框

一级交换子系统作为 BSC 媒体流的处理中心，当系统容量较小时（没有超过 2×BSUN 的配置），则无须配置一级分组交换子系统。一级交换框包括：PSN（Packet Switch Network，分组交换网板）、GLI（GE Line Interface Board，GE 链路接口板）和 UIMC 单板。

1）PSN 单板

PSN 即 IP 分组交换板，PSN 完成各线卡间的分组数据交换，它是一个自路由的 Crossbar 交换系统，与线接口板上的队列一起配合完成交换功能。具备双向各 40 Gb/s 用户数据交换能力，采用 1+1 负荷分担，可以人工倒换和软件倒换。根据不同的交换容量，PSN 可分为 PSN1V、PSN4V、PSN8V，PSN 可以平滑升级到 PSN8V，实现最大 80GB 交换容量。

2）GLI 单板

GLI 即 GE 链路接口板，GLI 提供 4 个 GE 端口，每个 GE 的光口 1+1 备份，相邻 GLI 的 GE 口之间提供 GE 端口备份；其次，还提供 1×100 Mb/s 以太网作为主备通信通道和 1×100 Mb/s 以太网作为控制流通道。

4. GCM 框

GCM 即 GPS（Global Position System，全球定位系统）控制模块，是 CDMA 系统中产生同步定时基准信号和频率基准信号的模块。GCM 的基本功能是接收 GPS 卫星系统的信号，提取并产生 1PPS 信号和相应的导航电文，并以该 1PPS 信号为基准锁相产生 CDMA 系统所需的 PP2S、19.6608 MHz、30 MHz 信号和相应的 TOD 消息。

二、CBTS I2 硬件结构

（一）CBTS I2 整体架构

ZXC10 CBTS I2（CBTS 紧凑型基站）的外观如图 6-20 所示，外观尺寸为 H×W×D = 850 mm×600 mm×600 mm，属于紧凑型基站。

CBTS I2 分为 3 个子系统，分别为 BDS（Baseband Digital Subsysten，基带数字子系统）、RFS（Radio Frequenc Subsystem，射频子系统）和 PWS（Power Subsystem，电源子系统）。其中，BDS 负责基带信号的处理，RFS 负责射频信号的处理，PWS 为 CBTS I2 提供-48 V 直流电源，为可选部分。

（二）CBTS I2 单板组成

CBTS I2 机柜内各机框单板组成结构如图 6-21 所示。

图 6-20　ZXC10 CBTS I2 的外观

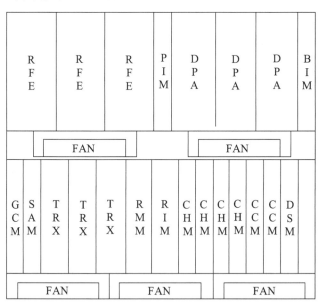

图 6-21　CBTS I2 机柜内各机框结构图

1. 基带数字子系统

1）CCM

CCM（Communication Control Module，通信控制板）是整个 BTS 的信令处理、资源管理以及操作维护的核心，负责 BTS 内数据、信令的路由。CCM 也是信令传送证实的集中点，

BTS 内各单板之间、BTS 与 BSC 单板之间的信令传送都由 CCM 转发。CCM 主要提供两大功能：构建 BTS 通信平台和集中 BTS 所有控制。

2）DSM

DSM（Data Service Module，数据服务板），实现 Abis 接口的中继、Abis 接口数据传递和信令处理功能。DSM 根据需要对外可提供 4 路、8 路 E1/T1，也可提供以太网接入 BSC。DSM 可灵活配置用来与上游 BSC 连接以及与下游 BTS 连接的 E1/T1，同时 DSM 可以接传输网，支持 SDH 光传输网络。

3）CHM

CHM（Channel Processing Module，信道处理板），是系统的业务处理板，位于 BDS 和 TRX 插箱，单机柜满配置是 4 块 CHM 板。CHM 主要完成基带的前向调制与反向解调，实现 CDMA 的多项关键技术，如分集技术、RAKE 接收、更软切换和功率控制等。

4）RIM

RIM（RF Interface Module，射频接口板）是基带系统与射频系统的接口。前向链路上的 RIM 将 CHM 送来的前向基带数据分扇区求和，将求和数据、HDLC 信令、GCM 送来的 PP2S 复用后送给 RMM；反向链路上的 RIM 通过接收 RMM 送来的反向基带数据和 HDLC 信令，根据 CCM 送来的信令进行选择，并将选择后的基带数据和 RAB 数据广播送给 CHM 板处理，将 HDLC 数据送给 CCM 板处理。

5）GCM

GCM（GPS Control，GPS 控制板）是 CDMA 系统中产生同步定时基准信号和频率基准信号的单板。GCM 接收 GPS 卫星系统的信号，提取并产生 1PPS 信号和相应的导航电文，并以该 1PPS 信号为基准锁相产生 CDMA 系统所需要的 PP2S、16chips、30 MHz 信号和相应的 TOD 消息。GCM 具有与 GPS/GLONASS 双星接收单板的接口功能，在接收不到 GPS 信号时也能通过 GLONASS 信号产生时钟。

6）SAM

SAM（Site Alarm Module，现场告警板）位于 BDS 插箱中，主要功能是完成 SAM 机柜内的环境监控，以及机房的环境监控。

7）BIM

BIM（BDS Interface Module，BDS 接口板）为可拔插的无源单板，完成系统各接口的保护功能及接入转换，提供 BDS 级联接口、测试接口、勤务电话接口、与 BSC 连接的 E1/T1/FE 接口以及模式设置等功能。

8）CBM

CBM（Compact BDS Module，紧凑型 BDS 板）是 CBTS I2 的一种基带配置方案，在一块单板上实现了基带的所有功能，集中了 CHM/CCM/DSM/GCM/RIM/RMM 功能，并结合射频框部分单板功能。

2. 射频子系统

1）RMM

RMM（RF Management Module，射频管理板）作为射频系统的主控板，主要完成三大功能。

（1）对 RFS 的集中控制，包括 RFS 的所有单元模块，如 TRX、PA、PIM；

（2）完成"基带—射频接口"的前反向链路处理；

（3）系统时钟、射频基准时钟的处理与分发。

2）TRX

TRX（Transceiver，收发信机板）位于 BTS 的射频子系统中，是射频子系统的核心单板，也是关系基站无线性能的关键单板。1 块 TRX 可以支持 4 载扇配置。

3）PIM

PIM（Power Amplifier Interface Module，功放接口板），单板位于 PA/RFE 框，主要实现对 DPA 与 RFE 进行监控，并将相关信息上报到 RMM。

4）DPA

DPA（Digital Predistortion Power Amplifier，数字预失真功放板）将来自 TRX 的前向发射信号进行功率放大，使信号以合适的功率经射频前端滤波处理后，由天线向小区内辐射。支持 800 MHz、1 900 MHz、450 MHz 三个频段。DPA 采用了功率回退技术，是用于基带预失真系统的功率放大器。

5）RFE

RFE（Radio Frequency End，射频前端板）主要实现射频前端功能及反向主分集的低噪声放大功能。

三、CDMA 基站日常操作

CDMA 基站日常操作有本地操作维护系统和 M2000 移动综合网管系统两种操作方式。

（一）本地操作维护系统

BSS/AN 本地操作维护系统结构如图 6-22 所示。BSS/AN 本地操作维护系统提供远端维护和近端维护两种维护功能。

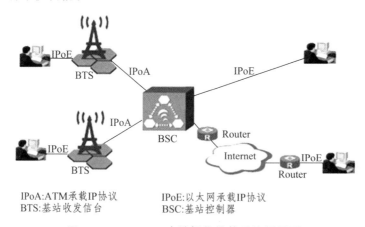

图 6-22　BSS/AN 本地操作维护系统组网图

1. 远端维护

LMT 通过连接到 BSC 的 BAM，以实现对 BTS 的远端维护。

LMT 和 BAM 之间是 Client/Server 结构，用户通过 LMT 输入操作命令，BAM 作为服务器端集中处理来自不同的客户端的命令消息。这些命令消息经过 BAM 处理后发往前台

（BSC 或 BTS），等待前台返回应答。BAM 记录操作结果（成功、失败、超时、异常等状态），并将返回的操作结果以一定的报告格式发送到 LMT，通知用户操作结果。用户通过 BAM，可以集中维护其控制的 BTS，同时也方便进行统一的网络规划。

2. 近端维护

在基站现场，LMT 通过网线连接到 BTS，以实现对 BTS 的近端维护。

通过 Telnet 客户端登录基站，然后执行相应的 MML 命令可以对基站进行操作维护。此外，通过反向维护功能，也可在基站近端登录到 BAM，以实现对整个 BSS 系统的维护。

（二）移动综合网管系统

移动综合网管系统实现对移动通信设备的集中维护功能。多种移动设备（如 BSC、MSC、HLR 等）被作为网元通过局域网或广域网接入以 M2000 服务器为核心的系统。BSC 通过 BAM 接入 M2000 移动综合网管系统。M2000 移动综合网管系统的典型组网如图 6-23 所示。

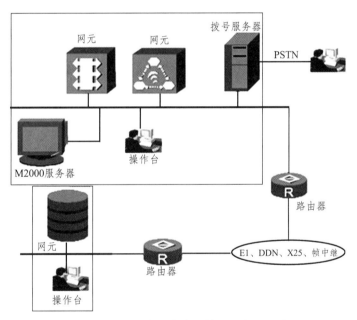

图 6-23　M2000 移动综合网管系统组网示意图

M2000 移动综合网管系统主要完成配置管理、性能管理和故障管理功能。

配置管理功能：指用户通过图形化用户界面 GUI 对网元（BSC、BTS）进行系统配置，完成如系统设置、维护、扩容等管理工作。

性能管理功能：指用户通过网络客户端可以对全网网元登记话务统计任务，并能够看到登记在全网的话务统计任务结果。

故障管理功能：指用户在告警客户端能够设置灵活的条件组合来获取所需的全网网元的告警数据，并在告警客户端上查看结果和进行各种操作。

（三）操作维护功能

BTS 主要提供以下操作维护功能。

1. 配置管理功能

BTS 系统的配置管理功能由 LMT 提供的 MML 命令实现。

MML 命令采用图形化的操作界面，支持历史命令的选择、命令字的联想输入、对命令关键字的搜索、命令参数的提示，使用户操作更加简便、灵活。通过 MML 命令可以执行数据配置、查询、修改操作，BTS 系统接收、解析 MML 命令，执行相应的操作，并向 LMT 返回处理结果。

2. 接口信令跟踪功能

BTS 系统的接口信令跟踪功能由 LMT 提供的维护导航树窗口实现。维护导航树窗口提供消息跟踪与回顾功能。

用户可以设置各种接口和信令跟踪条件，对接续过程、业务流程、资源占用等进行实时的跟踪和监测，并且可以在在线或离线的状态下对保存的消息进行回顾。在系统发生故障时，通过接口信令跟踪能够迅速、准确地定位障碍点，解决问题。

3. 性能管理功能

BTS 系统的性能管理功能由 M2000 移动综合网管系统的集中性能管理模块实现。BTS 系统生成性能统计文件，同时提供 FTP 服务，M2000 移动综合网管系统作为 FTP 客户端，获取性能统计文件，进行性能管理。

集中性能管理系统提供给用户一个直观、全面的操作环境，用户能够根据需要对全网的设备进行性能管理，包括性能测量任务的创建、修改、查看及测量结果的管理等，以及时了解到网络、设备的运行状况，对网络、设备的性能进行评估，为网络优化提供依据。

4. 告警管理功能

BTS 系统的告警管理功能由 LMT 提供的告警管理命令、告警管理系统或 M2000 的集中故障管理系统实现。BTS 系统将告警信息发送到 LMT/M2000，同时将告警信息保存至告警文件中。BTS 系统收集故障发生时产生的各类告警信息，对告警信息进行分类型、分级别处理，然后发送至告警管理系统或 M2000 的集中故障管理系统，并且以图形界面形式显示定位信息、告警原因、修复建议，指导维护人员进行故障分析、故障排除。

5. 日志管理功能

BTS 系统的日志管理功能由 LMT 提供的日志管理命令实现。BTS 系统收集并保存设备运行、业务操作、业务调试过程中的日志信息。通过查看、分析日志信息，维护人员可以了解系统当前或历史的运行状态、操作信息、告警信息，避免系统异常或隐患的出现。

过关训练

一、单选题

1. 下列哪种切换技术是 EV-DO 系统中一种特殊的切换？（　　）

A. 硬切换　　　　　　B. 前向虚拟软切换　　　　C. 接力切换

2. CDMA2000 1X 系统核心网中完成语音业务处理的是（　　）。

A. CS 域　　　　　　B. PS 域　　　　　　　　C. IMS 域

3. CDMA2000 1X 系统核心网中完成低速数据业务处理的是（　　）。

A. CS 域　　　　　　B. PS 域　　　　　　　　C. IMS 域

4. 负责与 BSC 配合，完成与分组数据有关的无线信道控制功能的网元是（　　）。

A. BSC   B. MSC   C. PCF   D. PDSN

5. 负责管理用户通信状态，转发用户数据的网元是（　　）。

A. BSC   B. MSC   C. PCF   D. PDSN

二、多选题

1. CDMA2000 调度算法的目标是（　　）。

A. 同一扇区下所有用户尽可能公平

B. 扇区总吞吐量尽可能最大

C. 同一扇区下所有用户尽可能网速快

2. CDMA2000 支持的切换技术有哪些？（　　）

A. 硬切换   B. 接力切换   C. 软切换   D. 更软切换

3. EV-DO 系统前向信道的自适应编码与调制技术支持的调制方式有（　　）。

A. QPSK   B. 8-PSK   C. 16QAM   D. 64QAM

4. EV-DO 系统前向信道的自适应编码与调制技术支持的编码率有（　　）。

A. 2/3   B. 1/2   C. 1/3   D. 1/5

5. CDMA2000 1x 支持哪些帧长？（　　）

A. 5 ms   B. 10 ms   C. 20 ms   D. 40 ms

E. 80 ms   F. 160 ms

三、判断题

1. CDMA2000 是窄带 CDMA 技术。（　　）

2. IS-95 通过 GPS 进行同步，使基站之间严格同步。（　　）

3. AAA 负责管理用户，其中包括用户的权限、开通的业务、认证信息、计费数据等内容。（　　）

4. BS 和 PCF 之间传输信令业务的接口是 A8 接口。（　　）

5. CDMA 基站日常操作有本地操作维护系统和 M2000 移动综合网管系统两种操作方式。（　　）

四、问答题

1. 与 CDMA one 相比，CDMA2000 有哪些技术特点？

2. 请简要说明 CDMA2000 系统的移动台语音起呼流程。

3. 请简要说明 CDMA2000 系统的移动台数据被呼流程。

4. ZXC10 CBTS I2 包含哪些子系统？

项目七　WCDMA 移动通信系统

【问题引入】

WCDMA 系统是第三代移动通信系统中一个影响非常广泛的标准。那么 WCDMA 的系统有哪些技术指标和关键技术？WCDMA 的系统由哪些部分组成？如何进行 WCDMA 基站的操作与维护？这是本项目需要涉及与解决的问题。

【内容简介】

本项目介绍 WCDMA 移动通信网络的特点和主要技术参数、WCDMA 移动通信系统的基本组成、WCDMA 主要通信流程、WCDMA 设备操作与维护等任务。其中 WCDMA 移动通信系统的基本组成、WCDMA 主要通信流程、WCDMA 设备操作与维护为重要任务内容。

【项目要求】

识记：知道 WCDMA 移动通信网络的特点和主要技术参数等概念。

领会：能分析 WCDMA 移动通信系统的基本组成、WCDMA 主要通信流程。

应用：会进行 WCDMA 设备日常操作与维护。

任务一　系统概述

【技能目标】

（1）熟悉 WCDMA 系统的主要技术指标和参数。

（2）能够结合 WCDMA 系统的关键技术分析解决问题。

【素质目标】

（1）培养学生努力学习、细心踏实的职业习惯。

（2）培养学生自学和知识总结的职业能力。

WCDMA 由欧洲 ETSI 和日本 ARIB 提出，它的核心网基于 GSM-MAP，同时可通过网络扩展方式提供基于 ANSI-41 的运行能力。WCDMA 系统能同时支持电路交换业务（如 PSTN、ISDN 网）和分组交换业务（如 IP 网）。灵活的无线协议可在一个载波内同时支持话音、数据和多媒体业务。通过透明或非透明传输来支持实时、非实时业务。

一、主要特点和技术参数

（一）WCDMA 技术的主要特点

（1）可适应多种传输速率，提供多种业务。

（2）采用多种编码技术。

（3）无须 GPS 同步。

（4）分组数据传输。

（5）支持与 GSM 及其他载频之间的小区切换。

（6）上下行链路采用相干解调技术。

（7）快速功率控制。

（8）采用复扰码标识不同的基站和用户。

（9）支持多种新技术。

（二）WCDMA 空中接口参数

WCDMA 无线空中接口参数见表 7.1。

表 7.1　WCDMA 空中接口参数

空中接口规范参数	参数内容
复用方式	FDD
每载波时隙数	15
基本带宽	5 MHz
码片速率	3.84 Mchip/s
帧长	10 ms
信道编码	卷积编码、Turbo 编码等
数据调制	QPSK（下行链路），HPSK（上行链路）
扩频方式	QPSK
扩频因子	4～512
功率控制	开环+闭环功率控制，控制步长为 0.5、1、2 或 3 dB
分集接收方式	RAKE 接收技术
基站间同步关系	同步或异步
核心网	GSM-MAP

二、关键技术

（一）功率控制技术

在 WCDMA 系统中，功率是重要的无线资源之一，功率管理是无线资源管理中非常重要的一个环节。

从保证无线链路可靠性的角度考虑，提高基站和终端的发射功率能够改善用户的服务质量；而从自干扰的角度考虑，由于 WCDMA 采用了宽带扩频技术，所有用户共享相同的频谱，每个用户的信号能量被分配在整个频带范围内，而各用户的扩频码之间的正交性是非理想的，这样一来，某个用户对其他用户来说就成为宽带噪声，发射功率的提高会导致其他用户通信质量的降低。因此，在 WCDMA 系统中功率的使用是矛盾的，发射功率的大小将直接影响到系统的总容量。

此外，在 WCDMA 系统中还受到远近效应、角效应和路径损耗的影响。上行链路中，由于各移动台与基站的距离不同，基站接收到较近移动台的信号衰减较小，接收到较远移动台的信号衰减较大，如果不采用功率控制，将导致强信号掩盖弱信号，这种远近效应使得部分用户无法正常通信。在下行链路中，当移动台处于相邻小区的交界处时，收到所属基站的有用信号很小，同时还会受到相邻小区基站的干扰，这就是角效应。无线电波在传播中经常会受到阴影效应的影响，移动台在小区内的位置是随机的，且经常移动，所以路径损耗会快速大幅度的变化，必须实时调整发射功率，才能保证所有用户的通信质量。

功率控制通过对基站和移动台发射功率的限制和优化，使得所有用户终端的信号到达接收机时具有相同的功率，可以克服远近效应和角效应，补偿衰落，提高系统容量。因此，功率控制是 WCDMA 系统中无线资源管理最重要的任务。

1. 开环功控和闭环功控

按照形成环路的方式，功率控制可以分为开环功率控制和闭环功率控制。

开环功控是指移动台和基站间不需要交互信息而根据接收信号的好坏减少或增加功率的方法，一般用于在建立初始连接时，进行比较粗略的功率控制，开环功控目标值的调整速度典型值为 10～100 Hz。开环功控是建立在上下行链路具有一致的信道衰落的基础之上的，然而 WCDMA 系统是频分双工（FDD）的，上下行链路占用的频带相差 190 MHz，远远大于信道的相关带宽，因此上下行链路的衰落情况是不相关的。所以，开环功控的控制精度受到信道不对称的影响，只能起粗控的作用。

前向链路的开环功控是在对终端上行链路的测量报告的基础上设定下行链路信道的初始功率。反向链路的开环功控主要应用于终端，但需要知道小区广播的一些控制参数和终端接收到主公共导频信道（P-CPICH）的功率。开环功控如图 7-1 所示。

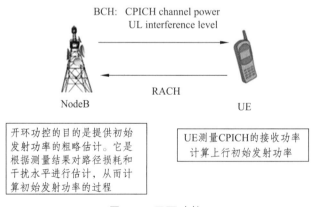

图 7-1　开环功控

闭环功控是指移动台和基站之间需要交互信息而采用的功率控制方法。前向闭环功控中，基站根据移动台的请求及网络状况决定增加或减少功率；反向闭环功控中，移动台根据基站的功率控制指令增加或减少功率。闭环功控的主要优点是控制精度高，也是实际系统中常采用的精控手段，其缺点是从控制命令的发出到改变功率，存在着时延，当时延上升时，功控性能将严重下降，同时还存在稳态误差大、占用系统资源等缺点。为了发挥闭环功控的优点，克服它的缺点，可以采用自适应功控、自适应模糊功控等各种改进性措施和实现算法。

2. 内环功控和外环功控

按照功率控制的目的，功率控制可以分为内环功控和外环功控。

外环功控的目的是保证通信质量在一定的标准上，而此标准的提出是为了给内环功率控制提供足够高的信噪比要求。上行外环功控如图 7-2 所示，具体实现过程是根据统计接收数据的误块率（BLER），为内环功控提供目标 SIR，而目标 SIR 是同业务的数据速率相关联的。外环功控的速度比较缓慢，因此外环功控又称为慢速功控，一般是每 10 ~ 100 ms 调整一次。

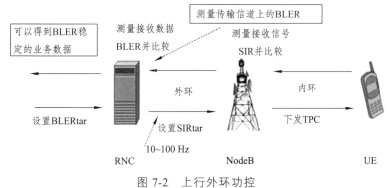

图 7-2　上行外环功控

内环功控用来补偿由于多径效应引起的衰落，使接收到的 SIR 值达到由外环功控提供的目标 SIR 值，同外环功控相比，内环功控的速度一般较快，WCDMA 系统为 1 500 Hz，因此内环功控又称为快速功控。上行内环功控如图 7-3 所示，下行闭环功控如图 7-4 所示。

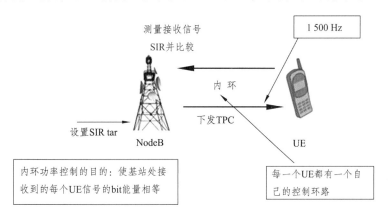

图 7-3　上行内环功控

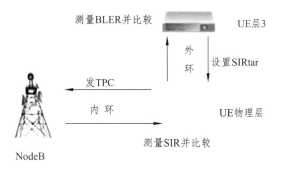

图 7-4　下行闭环功控

3. 集中式功控和分布式功控

按照实现功率控制的方式，功率控制可以分为集中式功控和分布式功控。前向功控一般都是集中式功控，反向功控是分布式功控。

集中式功控根据接收到的信号功率和链路预算来调整发射端的功率，以使接收端的 SIR 基本相等，其最大的难点是要求系统在每一时刻获得一个归一化的链路增益矩阵，这在用户较多的小区内是较难实现的。

分布式功控首先是在窄带蜂窝系统中提出来的，它通过迭代的方式近似地实现最佳功控，而在迭代的过程中只需各个链路的 SIR 即可。即使对 SIR 的估计有误差，分布式平衡算法仍是一种有效的算法。对于 WCDMA 系统，当不考虑 SIR 估计误差时，分布算法非常有效。但是当 SIR 估计存在误差时，分布式 SIR 平衡算法有可能不再收敛于一个平衡 SIR，随 SIR 误差的增加，系统的性能很快下降。

（二）切换技术

为保证 QoS，需要确保 UE 移动到其他小区（系统）后能够继续得到服务，这就是无线资源管理中重要的任务，即切换控制。

WCDMA 系统的切换控制技术包括：软切换、更软切换、频率间的硬切换。

1. 硬切换

硬切换的特点为：先中断源小区的链路，后建立目标小区的链路；通话会产生"缝隙"；非 CDMA 系统都只能进行硬切换。硬切换过程如图 7-5 所示。

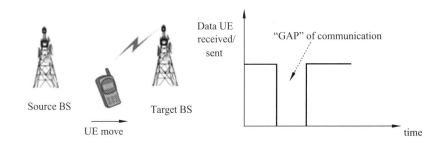

图 7-5　硬切换过程

硬切换在 3G 系统中的应用如下。

频内硬切换：码树重整；

频间硬切换：网络规划的原因，在特定的区域需要频间负载的平衡；

系统间切换：2G-3G 的平滑演进，3G 初期的覆盖范围有限。

2. 软切换

软切换特点：CDMA 系统所特有，只能发生在同频小区间；先建立目标小区的链路，后中断原小区的链路；可以避免通话的"缝隙"；软切换增益可以有效地增加系统的容量；软切换会比硬切换占用更多的系统资源。软切换过程如图 7-6 所示。

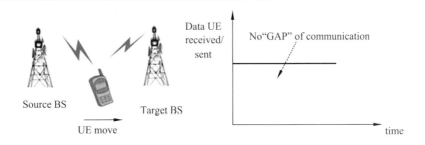

图 7-6　软切换过程

3. 更软切换

对于软切换，多条支路的合并，下行进行最大比合并（RAKE 合并），上行进行选择合并。当进行软切换的两个小区属于同一个 NodeB 时，上行的合并可以进行最大比合并，此时，成为更软切换。由于最大比合并可以比选择合并获得更大的增益，在切换的方案中，更软切换优先。

（三）多用户检测技术

多用户检测是近十年来在相关检测的基础上发展起来的一种有效的抗干扰措施，它利用多址干扰的各种可知信息对目标用户的信号进行联合检测，从而具有良好的抗多址干扰能力，可以更加有效地利用反向链路频谱资源，显著提高系统容量，而且由于 MUD 具有抗远近效应的能力，可以降低系统对功率控制的要求。

（四）高速下行分组接入技术

高速下行分组接入（High Speed Downlink Packet Access，HSDPA）是 3GPP 在 R5 协议中为了满足上下行数据业务不对称的需求提出来的，它可以使最高下行数据速率达 14.4 Mb/s，从而大大提高了用户下行数据业务速率，而且不改变已经建设的 WCDMA 系统的网络结构。因此，该技术是 WCDMA 网络建设后期提高下行容量和数据业务速率的一种重要技术。

HSDPA 采用的关键技术有自适应调制编码（AMC）和混合自动请求重传（HARQ）。AMC 自适应调制和编码方式是根据信道的质量情况，选择最合适的调制和编码方式。信道编码采用 1/3Turbo 码以及通过相应码率匹配后产生的其他速率的 Turbo 码，调制方式可选择 QPSK、8PSK、16QAM 等。通过编码和调制方式的组合，产生不同的传输速率。而 HARQ 基于信道条件提供精确的编码速率调节，可自动适应瞬时信道条件，且对延迟和误差不敏感。

为了更快地调整参数以适应变化迅速的无线信道，HSDPA 与 WCDMA 基本技术不同之处是将 RRM 的部分实体如快速分组调度等放在 Node B 中实现，而不是将所有的 RRM 都放在 RNC 中实现。

（五）基站发射分集技术

发射分集方式包括 STTD、TSTD 和闭环发射分集。

1. STTD 发射分集

STTD（空时发射分集）是将在非分集模式下进行信道编码、速率匹配和交织的数据流在 4 个连续的信道比特块中使用 STTD 编码。STTD 除 SCH 信道以外均可使用。

STTD 发射分集编码方式如图 7-7 所示。STTD 可以提高下行链路性能和容量，对基站下行基带处理复杂性影响小，对移动台的解码影响小，对解调部分的复杂性增加有一定影响，主要是对每个分集路径每个符号需要解扩（despreader）、搜索（searcher）、最大比合并（maximal ratio combiner）。

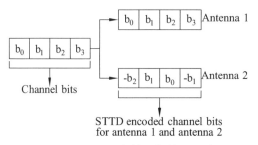

图 7-7　STTD 发射分集编码方式

2. TSTD 发射分集

TSTD 称为时间切换发射分集，该发射分集仅仅用于 SCH 信道。该分集由于减少了 SCH 信道的发射功率，从而减少了对系统其他信道的干扰，降低基站的 PA 要求。对 UE 没有影响，对 UE 的小区搜索也不会有影响。图 7-8 所示是 SCH 信道采用 TSTD 发射分集示意图。

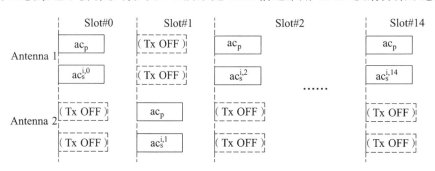

图 7-8　TSTD 发射分集示意图

TSTD 是根据时隙号的奇偶，在两个天线上交替发送基本同步码和辅助同步码。采用 TSTD，在移动台中可以很简单地获得与最大比合并相当的效果，大大提高了用户端正确同步的概率，并缩短了同步搜索的时间。

3. 闭环反馈发射分集

闭环反馈发射分集用于 DPCH 和 PDSCH 信道，对于下行链路性能提高为 2～3 dB 左右。UE 利用 CPICH 估计来自每个天线的信道，在每一个时隙，UE 计算相位调整量，在模式 2 还要计算幅度调整量，这些调整量用于 UTRAN 控制 UE 的接收功率达到最大。模式 1 是通过调整相位，模式 2 是通过调整相位和幅度。模式 1 的应用场合主要是低速移动或分集天线路径之间有相关衰落的信道，而模式 2 的应用场合可以保证两个分集天线通道之间的功率平衡。闭环反馈发射分集如图 7-9 所示。

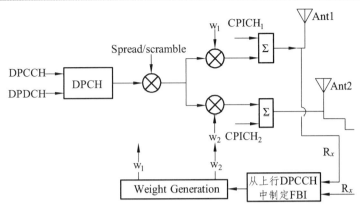

图 7-9　闭环反馈发射分集

任务二　系统结构

【技能目标】

（1）熟悉 WCDMA 系统的组成。

（2）熟悉 WCDMA 系统主要接口的作用。

（3）能够根据 WCDMA 组网技术规划设计现有网络架构。

【素质目标】

（1）培养学生善于分析解决问题的职业素质。

（2）培养学生全程全网的职业意识。

一、UMTS 体系结构

通用移动通信系统（UMTS：Universal Mobile Telecommunications System）是 IMT-2000 的一种，UMTS 是采用 WCDMA 空中接口技术的第三代移动通信系统，通常也把 UMTS 系统称为 WCDMA 通信系统。它的网络结构由核心网（CN：Core Network）、UMTS 陆地无线接入网（UTRAN： UMTS Terrestrial Radio Access Network）和用户设备（UE：User Equipment）三部分组成，结构如图 7-10 所示。CN 和 UTRAN 之间的接口称为 Iu 接口，UTRAN 和 UE 的之间接口称为 Uu 接口。

用户终端设备 UE 包括射频处理单元、基带处理单元、协议栈模块和应用层软件模块，可以分为两个部分：移动设备 ME 和通用用户识别模块 USIM。

通用陆地无线接入网络 UTRAN 由基站 Node B 和无线网络控制器 RNC 组成。Node B 完成扩频解扩、调制解调、信道编解码、基带信号和射频信号转换等功能；RNC 负责连接建立和断开、切

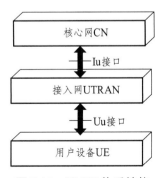

图 7-10　UMTS 体系结构

换、宏分集合并、无线资源管理等功能的实现。

核心网 CN 处理所有话音呼叫和数据连接，完成对 UE 的通信和管理、与其他网络的连接等功能。核心网分为 CS 域和 PS 域。

二、UTRAN 体系结构

UTRAN 由若干通过 Iu 接口连接到 CN 的无线网络子系统（RNS：Radio Network Subsystem）组成。其中一个 RNS 包含一个 RNC 和一个或多个 Node B，而 Node B 通过 Iub 接口与 RNC 相连接。Node B 应该可以支持 FDD 模式、TDD 模式或者以上 2 个模式都支持。并且，对 FDD 模式下的一个小区来说，应该支持码片速率为 3.84 Mchip/s。

在 UTRAN 内部，RNS 通过 Iur 接口进行信息交互，Iu 和 Iur 是逻辑接口，Iur 接口可以是 RNS 之间的直接物理连接，也可以通过任何合适传输网络的虚拟连接来实现。RNC 用来分配和控制与之相连或相关的 Node B 的无线资源，Node B 则完成 Iub 接口和 Uu 接口之间的数据流的转换，同时也参与一部分无线资源管理。

UTRAN 的内部结构如图 7-11 所示。

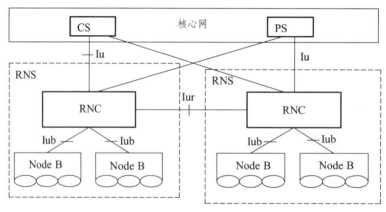

图 7-11　UTRAN 体系结构

（一）RNC

RNC 用于控制 UTRAN 的无线资源，它通过 Iu 接口与电路域 MSC 和分组域 SGSN 以及广播域 BC 相连。在移动台和 UTRAN 之间的无线资源控制（RRC）协议在此终止。它在逻辑上对应 GSM 网络中的基站控制器（BSC），控制 Node B 的 RNC 称为该 Node B 的控制 RNC（CRNC），CRNC 负责对其控制的小区的无线资源进行管理。

每个 RNS 管理一组小区的资源。在 UE

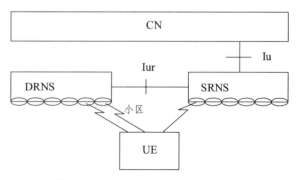

图 7-12　SRNS 和 DRNS 的结构关系

和 UTRAN 的每个连接中，其中一个 RNS 充当服务 RNS（SRNS：Serving RNS）。如果需要，一个或多个漂移 RNS（DRNS：Drift RNS）通过提供无线资源来支持 SRNS。SRNS 和 DRNS 的结构关系如图 7-12 所示。

（二）Node B

Node B 是 WCDMA 系统的基站（即无线收发信机），通过标准的 Iub 接口和 RNC 互连，主要完成 Uu 接口物理层协议的处理。它的主要功能是扩频、调制、信道编码及解扩、解调、信道解码，还包括基带信号和射频信号的相互转换等功能。同时它还完成一些如内环功率控制等的无线资源管理功能。它在逻辑上对应于 GSM 网络中基站（BTS）。

Node B 由下列几个逻辑功能模块构成：RF 收发放大、射频收发系统（TRX）、基带部分（Base Band）、传输接口单元、基站控制部分，如图 7-13 所示。

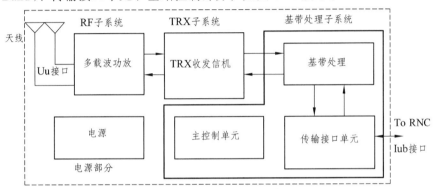

图 7-13　Node B 的逻辑组成框图

（三）Iu 接口

UTRAN 与 CN 之间的接口为 Iu 接口，根据 CN 最多分成三个域，即 CS 域、PS 域和 BC 域，Iu 接口也对应最多存在 3 个不同的接口，即 Iu-CS 接口（面向电路交换域）、Iu-PS 接口（面向分组交换域）和 Iu-BC 接口（面向广播域），如图 7-14 所示。

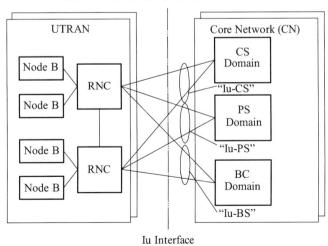

图 7-14　Iu 接口

三、WCDMA 核心网络

（一）WCDMA 核心网络演进策略

WCDMA 的标准由 3GPP 定义，3GPP 协议版本分为 R99/R4/R5/R6 等多个阶段。

R99 是目前最成熟的一个版本，它的核心网继承了传统的电路语音交换。

R4 的电路域实现了承载和控制的分离，引入了移动软交换概念及相应的协议，如 BICC（承载独立的呼叫控制，Bearer Independent Call Control）、H.248（媒体网关控制协议），使之可以采用 TrFO（自由代码转换操作，Transcoder Free Operation）等新技术以节约传输带宽并提高通信质量。此外，R4 还正式在无线接入网系统中引入了 TD-SCDMA。

R5 版本在空中接口上引入了 HSDPA 技术，使传输速率大大提高到约 10 Mb/s。同时 IMS（IP 多媒体系统，IP Multimedia Subsystem）域的引入则极大增强了移动通信系统的多媒体能力；智能网协议则升级到了 CAMEL4（移动网络增强客户应用逻辑 4）。

在 R6 版本中，将会实现 WLAN 与 3G 系统的融合，并加入了多媒体广播与多播业务。

在 R7 版本中，在空中接口上引入了 HSUPA 技术。

LTE 是 3GPP 长期演进任务，是近两年来 3GPP 启动的最大的新技术研发任务，这种以 OFDM、MIMO 为核心的技术可以被看作"准 4G"技术。LTE 能够为 350 km/h 高速移动用户提供大于 100 Mb/s 的接入服务，支持成对或非成对频谱，并可灵活配置 1.25 ~ 20 MHz 多种带宽，使语音、互联网和电视都能在手机上实现，家庭、办公室和移动状态的界限也将被打破。

（二）3GPP R99 核心网络

R99 核心网络逻辑上划分为 CS 电路域和 PS 分组域；核心网和接入网之间的 Iu 接口基于 ATM：语音业务基于 ATM AAL2；数据业务基于 ATM AAL5/GTP；核心网络电路域基于 TDM 承载技术，由 MSC/VLR，GMSC 等功能实体构成；核心网络分组域基于 GPRS 技术，由 SGSN，GGSN，BG（边界网关），CG（计费网关）等功能实体构成。

3GPP R99 网络构架如图 7-15 所示。

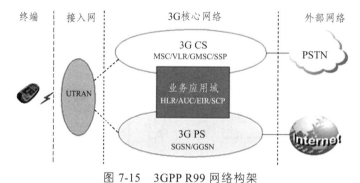

图 7-15   3GPP R99 网络构架

（三）3GPP R4 核心网络

3GPP R99 与 R4 网络差异如图 7-16 所示。R4 核心网结构优势分析如下：

（1）灵活的组网方式：TDM/ATM/IP 组网。

（2）承载网络融合：TDM/ATM/IP 组网电路域与分组域采用相同的分组传输网络，可与城域网进行融合。

（3）可扩展性：控制面 MSC Server、承载面 CS-MGW 可分别扩展。

（4）可管理性：控制面 MSC Server 集中设置在中心城市，承载面 CS-MGW 分散设置在边缘城市，而在承载层，可使用 IP 作为承载，更利于新业务迅速普及开展。

（5）向 NGN 的演进：R4 控制与承载相分离，具备 NGN 网络的基本形态。

可见，WCDMA 系统核心网络（R4 版本）的设计将能满足人们的多媒体业务需求。第三代移动通信系统将产生一个容量更大，利润更丰厚的市场。

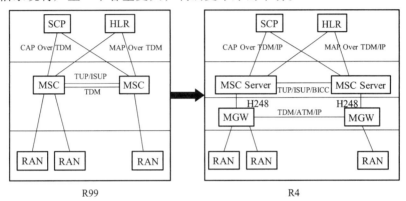

图 7-16　3GPP R99 与 R4 网络差异

注：R99 与 R4 的分组域无变化，图中未画出。

（四）3GPP R5 核心网络

3GPP R5 网络新增 IP 多媒体域 IMS，提供实时 IP 多媒体业务。3GPP R5 网络结构如图 7-17 所示。

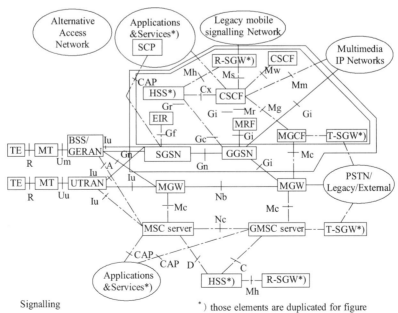

注：R-SGW和T-SGW也可以不区分，通称SGW。

图 7-17　3GPP R5 网络结构

任务三　通信流程

【技能目标】

（1）能够分析 WCDMA 小区搜索流程。

（2）能够分析 WCMDA 主叫通信流程。

（3）能够分析 WCDMA 被叫通信流程。

【素质目标】

（1）培养学生善于分析解决问题的职业素质。

（2）培养学生团队协作意识和技术沟通的职业能力。

一、小区搜索过程

在小区搜索过程中，UE 将搜索小区并确定该小区的下行链路扰码和该小区的帧同步，小区搜索一般分为三步：时隙同步、帧同步和码组识别、扰码识别。

小区搜索详细过程如图 7-18 所示。

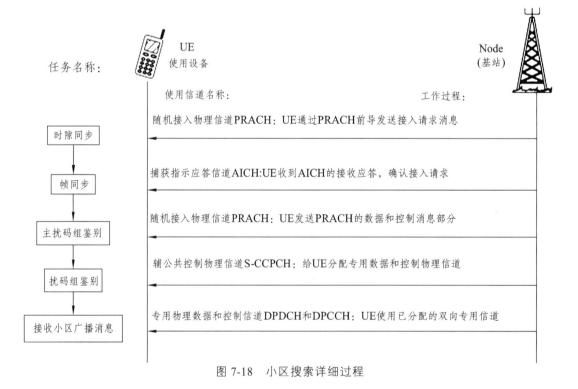

图 7-18　小区搜索详细过程

（一）时隙同步

基于 SCH 信道，UE 使用 SCH 的主同步码 PSC 去获得该小区的时隙同步。典型方法是使用匹配滤波器来匹配 PSC（为所有小区公共）。小区的时隙定时可由检测匹配滤波器输出的峰值得到。

（二）帧同步和码组识别

UE 使用 SCH 的从同步码 SSC 去找到帧同步，并对第一步中找到的小区的码组进行识别。这是通过对收到的信号与所有可能的从同步码序列进行相关得到的，并标识出最大相关值。由于序列的周期移位是唯一的，因此码组与帧同步一样，可以被确定下来。

（三）扰码识别

UE 确定找到的小区所使用的主扰码。主扰码是通过在 CPICH 上对识别的码组内的所有的码按符号相关而得到的。在主扰码被识别后，则可检测到主 CCPCH。系统和小区特定的 BCH 信息也就可以读取出来了。

二、主叫基本流程

UE 主叫的基本流程如图 7-19 所示。

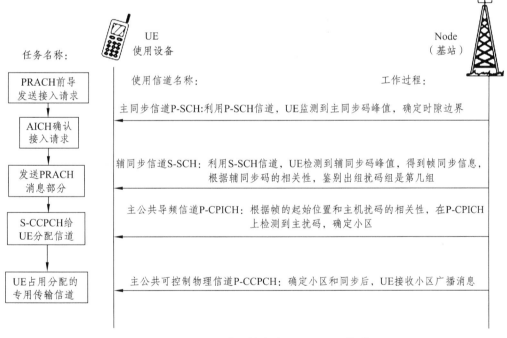

图 7-19　UE 主叫的基本流程及采用的信道

三、被叫基本流程

UE 被叫的基本流程如图 7-20 所示。

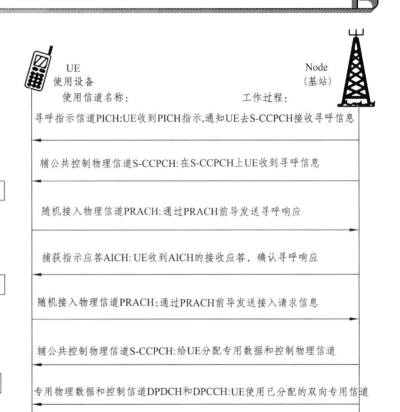

图 7-20　UE 被叫的基本流程及采用的信道

任务四　设备操作与维护

【技能目标】

（1）能够完成 WCDMA 基站机柜组装。

（2）能够进行 WCDMA 基站日常操作。

（3）能够进行 WCDMA 基站日常维护。

【素质目标】

（1）培养学生安全生产意识和自我保护能力。

（2）培养学生维护思维和规范操作的职业素质。

（3）培养学生善于分析解决问题的职业素质。

WCDMA 基站系统组成如图 7-21 所示。

图 7-21 显示了 WCDMA 基站系统组成及其与其他设备（UE、RNC 和-48 V 直流供电系统）的连接关系。WCDMA 基站系统包括：机柜、天馈子系统、操作维护终端、环境监控设备、时钟同步源。

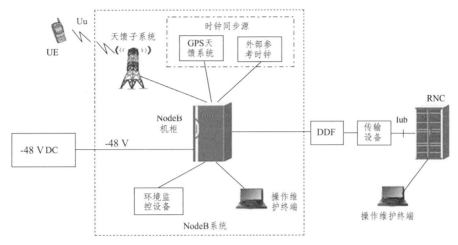

图 7-21　WCDMA 基站系统组成示意图

一、BSC6800 硬件结构

华为 RNC 的型号为 BSC6800（以下用 BSC6800 表示）。BSC6800 整机由交换机柜和业务机柜、LMT（Local Maintenance Terminal）和告警箱等组成，如图 7-22 所示。BSC6800 整机除了提供电源、时钟信号等输入接口外，还提供与 NodeB、SGSN、MSC、其他 RNC、M2000等设备的通信接口。

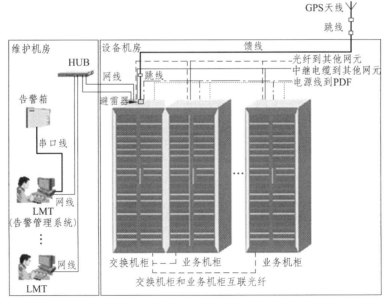

图 7-22　BSC6800 硬件组成

BSC6800 机柜分为交换机柜和业务机柜两种。交换机柜只有一个，业务机柜的个数可以为 0～5。交换机柜包含 RNC 所有类型的硬件部件。因此 BSC6800 可以提供单机柜解决方案。交换机柜内部部件通过网线与 LMT、M2000 相连，E1/T1 中继电缆或者光纤与 MSC、SGSN、其他 RNC 或者 NodeB 相连，电缆与外部-48 V 电源相连，时钟线和时钟源（可选）相连，光纤和业务机柜的内部部件相连。业务机柜包含 RNC 的业务处理硬件，是系统平滑扩容的叠加机柜。业务机柜内部部件通过 E1/T1 中继电缆或者光纤与 NodeB、MSC、SGSN 或者其他 RNC 相连，电缆与−48 V 电源相连，光纤和交换机柜的内部部件相连。

LMT（Local Maintenance Terminal）是安装 BSC6800 操作维护终端软件的计算机，它采用的操作系统为 Windows 2000 Professional。LMT 通过网线与交换机柜内的 LAN Switch 连接，通过 RS232 串口线与告警箱连接。BSC6800 系统可以存在多个 LMT。

告警箱是 BSC6800 系统的报警装置，采用华为公司通用的 GM12ALMZ 告警箱。设备在运行中出现告警时，告警箱可以提供声、光提示。告警箱通过 RS232 串口线与 LMT 相连。

（一）机柜

如图 7-23 所示，交换机柜部件主要包括以下类型部件：配电盒、交换插框、业务插框、GRU 部件、LAN Switch、BAM 服务器。

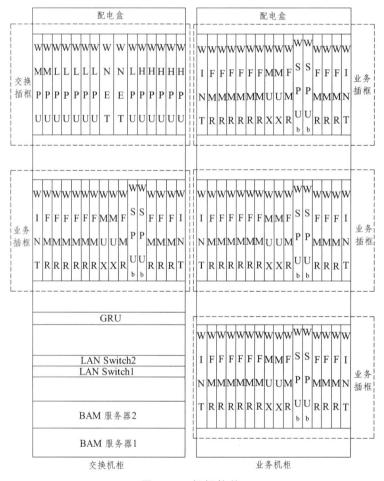

图 7-23　机柜构件

（二）逻辑结构

如图 7-24 所示，BSC6800 系统主要由以下逻辑功能子系统组成：业务处理子系统、交换子系统和操作维护子系统，另外还包括环境监控子系统和时钟同步子系统。

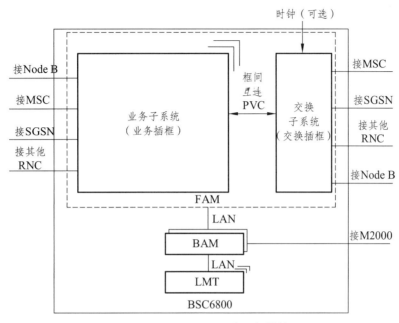

图 7-24　BSC6800 系统逻辑结构

1．业务处理子系统

业务处理子系统功能主要由业务插框实现，用于完成 RNC 的基本业务处理，包括：宏分集和 L2 处理、呼叫控制、无线资源管理，对外提供 Iub/Iur/Iu 接口。

2．交换子系统

交换子系统主要由交换插框实现，主要功能包括：为各个业务处理子系统提供业务流通道，为前台和后台通信提供操作维护通道，提供分组业务的处理功能，对外提供 Iub/Iur/Iu 接口、可选的时钟信号输入接口。

3．操作维护子系统

操作维护子系统功能由 BAM、LMT 和前台各个单板上的操作维护实体组成。主要提供以下功能：安全管理、配置管理、性能管理、设备管理、告警管理、加载管理、对外提供到 M2000 系统的接口。

4．环境监控子系统

环境监控子系统由配电盒和各个插框的环境监控部件组成，主要负责电源和风扇的监控和调整。

5．时钟同步子系统

时钟同步子系统由交换插框的 WNET 板各个插框的时钟处理单元组成，主要负责提供 BSC6800 工作所需的时钟，产生 RFN 和为 NodeB 提供参考时钟。

二、DBS3900 硬件结构

DBS3900 是华为公司 WCDMA 第四代分布式基站，DBS3900 由 BBU3900、RRU3804 或 RRU3801E、天馈系统组成，如图 7-25 所示。基带处理模块 BBU3900 占地面积小、易于安装、功耗低，便于与现有站点共存；而 RRU 体积小、重量轻，可以靠近天线安装，减少馈线损耗，提高系统覆盖能力。

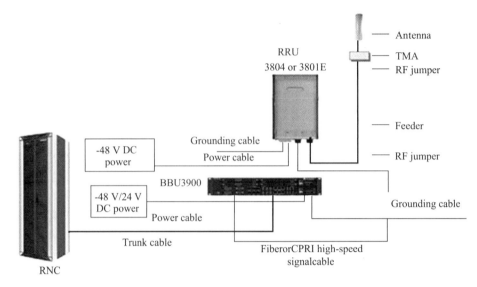

图 7-25　DBS3900 系统结构

（一）BBU 硬件结构

BBU3900 采用盒式结构，是一个 19（1 英寸=2.54 厘米）英寸宽、2U 高的小型化的盒式设备。BBU3900 可安装在任何具有 19 英寸宽、2U 高的室内环境或有防护功能的室外机柜中，其外形如图 7-26 所示。BBU3900 在 2U 空间内集成了主控、基带、传输等功能。BBU3900 是基带处理模块，提供系统与 RNC 连接的接口单元。

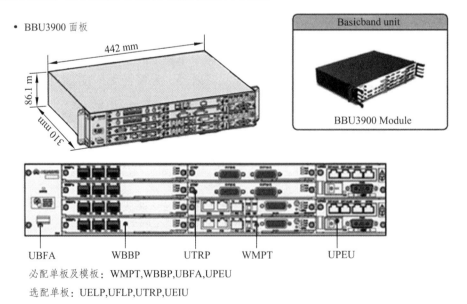

必配单板及模板：WMPT,WBBP,UBFA,UPEU
选配单板：UELP,UFLP,UTRP,UEIU

图 7-26　BBU3900 物理结构

WMPT（WCDMA Main Processing&Transmission unit）是 BBU3900 的主控传输板，为其他单板提供信令处理和资源管理功能。WBBP（WCDMA BaseBand Process Unit）单板是 BBU3900 的基带处理板，主要实现基带信号处理功能。UBFA 是 BBU3900 的风扇模块，主要用于风扇的转速控制及风扇板的温度检测，并为 BBU 提供散热功能。UPEU（Universal Power and Environment Interface Unit）是 BBU3900 的电源模块，用于将 – 48 V DC 或+24 V DC 输入电源转换为+12 V DC。UTRP（Universal Transmission Processing unit）单板是 BBU3900 的传输扩展板，可提供 8 路 E1/T1 接口、1 路非通道化 STM-1/OC-3 接口。UEIU（Universal Environment Interface Unit）是 BBU3900 的环境接口板，主要用于将环境监控设备信息和告警信息传输给主控板。通用 E1/T1 防雷单元（UELP），可提供 4 路 E1/T1 信号的防雷，通用 FE 防雷（UFLP）模块支持 2 路 FE 防雷。

（二）BBU 逻辑结构

BBU3900 采用模块化设计，根据各模块实现的功能不同划分为：控制子系统、基带子系统、传输子系统、电源模块。BBU3900 逻辑结构如图 7-27 所示。

控制子系统功能由 WMPT 板实现，控制子系统集中管理整个基站系统，包括操作维护和信令处理，并提供系统时钟。

基带子系统功能由 WBBP 板实现，基带子系统完成上下行数据基带处理功能，主要由上行处理模块和下行处理模块组成。

传输子系统功能由 WMPT 板和 UTRP 板实现。主要功能如下：提供与 RNC 的物理接口，完成 NodeB 与 RNC 之间的信息交互；为 BBU3900 的操作维护提供与 OMC（LMT 或 M2000）连接的维护通道。

电源模块将 – 48 V DC/ + 24 V DC 转换为单板需要的电源，并提供外部监控接口。

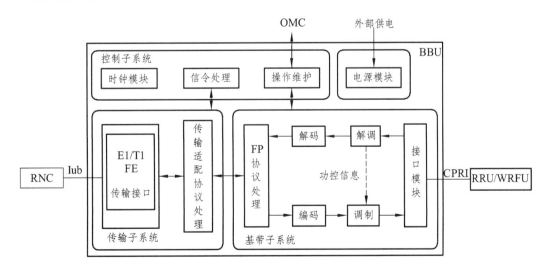

图 7-27　BBU3900 逻辑结构

（三）RRU 硬件结构

RRU3804/RRU3801E 外形和规格如图 7-28 所示。

类型	RRU3804/3801E	
尺寸（带外壳）	RRU3804:520 mm(H)×280 mm(W)×155 mm(D)	
重量	RRU3804模块：≤15 kg RRU3804及外壳：≤16 kg	
电源输入	-480 V DC	允许电压范围：-36 V DC~ -57 V DC
最大功耗	275 W	
扇区×载波	1×4(RRU3804)/1×2(RRU3801E)	

说明
RRU3801E的外形（面板和接口）与RRU3804一样

图 7-28　RRU3804/RRU3801E 外形和规格

RRU3804/RRU3801E 面板及接口如图 7-29 所示。

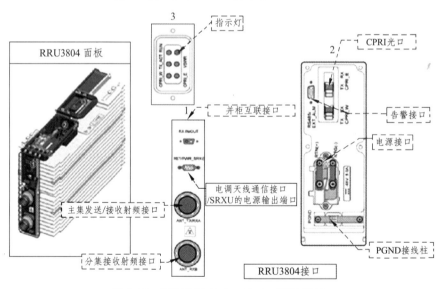

图 7-29　RRU3804/RRU3801E 面板及接口

（四）RRU 逻辑结构

RRU 各模块根据实现的功能不同划分为：接口模块、TRX、PA（Power Amplifier）、LNA（Low Noise Amplifier）、滤波器、电源模块。RRU3804/RRU3801E 的逻辑结构如图 7-30 所示。

接口模块的主要功能如下：接收 BBU 送来的下行基带数据；向 BBU 发送上行基带数据；转发级联 RRU 的数据。

RRU3804/RRU3801E 中的 TRX 包括两路射频接收通道和一路射频发射通道。接收通道完成的功能：将接收信号下变频至中频信号；将中频信号进行放大处理；模数转换；数字下变频；匹配滤波；数字自动增益控制 DAGC。发射通道完成的功能：下行扩频信号的成形滤波；数模转换；将中频信号上变频至发射频段。

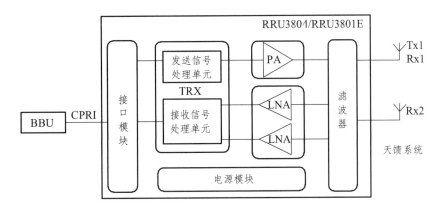

图 7-30　RRU3804/RRU3801E 逻辑结构

PA 采用 DPD 和 A-Doherty 技术，对来自 TRX 的小功率射频信号进行放大。

RRU3804/RRU3801E 中的滤波器由一个双工收发滤波器和一个接收滤波器组成。滤波器的主要功能如下：双工收发滤波器提供一路射频通道接收信号和一路发射信号复用功能，使接收信号与发射信号共用一个天线通道，并对接收信号和发射信号提供滤波功能；接收滤波器对一路接收信号提供滤波功能。

低噪声放大器 LNA 将来自天线的接收信号进行放大。

电源模块为 RRU 各组成模块提供电源输入。

三、WCDMA 基站日常操作

（一）本地维护终端 LMT

WCDMA 基站日常操作采用的是 NodeB 的本地维护终端 LMT（Local Maintenance Terminal）进行的。LMT 与 NodeB 通过局域网（或者广域网）进行通信，本地维护终端系统是安装在 LMT 上运行的操作维护软件。用户可以在 LMT 上通过本地维护终端系统实现对 NodeB 的全部操作维护功能。

NodeB 的本地维护终端系统由三部分组成：操作维护系统、告警管理系统、跟踪回顾工具。

1. 操作维护系统

操作维护系统提供了基于 MML 命令行的客户端和丰富的图形界面操作，可以对系统进行全面的维护，完成多项日常操作，包括：MML 命令行客户端操作、跟踪管理、软件管理、实时状态监控、测试管理、设备维护、小区管理。

操作维护系统的界面如图 7-31 所示。

图 7-31　操作维护系统界面图

对界面中的各区域进行说明见表 7.2。

表 7.2　操作维护系统界面说明表

编号	字段名	说明
1	系统菜单	提供部分系统功能，包含[系统]、[业务]、[查看]、[窗口]和[帮助]内容； [系统]、[业务]菜单主要用于登录操作和其他操作系统的选择； [查看]、[窗口]和[帮助]菜单的内容即一般应用程序的通用内容
2	工具栏	提供了部分快捷图标，包含"重新登录""退出""锁定 NodeB 操作维护系统""局向管理""显示和隐藏其他窗口"等
3	导航树窗口	以树形结构的方式提供了各类操作对象，包含[维护导航树]、[MML 命令导航树]和[搜索]页面； [维护导航树]提供的功能是一些较重要、较常用的操作，以 GUI 的方式提供，方便用户的操作； [MML 命令导航树]包含了所有的 MML 命令，可以完成几乎全部的操作维护功能； [搜索]页面提供了用户对 MML 命令的搜索功能，可对整个 MML 导航树命令名称和命令字实现搜索，采用逐字匹配原则，可以帮助快速查找定位
4	对象窗口	用户进行操作的窗口，提供了操作对象的详细信息； 如果用户使用[维护导航树]进行操作维护，则该区域显示两部分内容，包括曲线显示图形和下面的列表说明； 如果用户使用[MML 命令导航树]进行维护，则该区域显示 MML 命令行客户端
5	输出窗口	记录了对当前的操作以及系统反馈的详细信息，包含[维护输出]、[调试输出]、[测试输出]和[告警输出]页面； [维护输出]页面显示用户操作维护的结果，以及系统自动上报的一些结果信息； [调试输出]页面以二进制的格式，显示[维护输出]的信息； [测试输出]页面为 141 测试结果的显示区域； [告警输出]页面为系统上报告警的显示区域
6	状态栏	位于 NodeB 操作维护系统的底部，包含当前的局向、局向的 IP 地址、连接是否正常等

2. 告警管理系统

告警管理系统是进行日常告警维护、处理的重要工具，主要包括以下功能：浏览告警信息、查询告警信息、维护告警信息、设置故障告警通知属性、打印/保存告警信息。

告警管理系统的界面如图 7-32 所示。

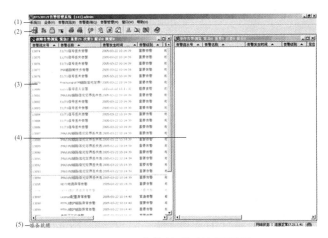

图 7-32   告警管理系统界面图

告警管理系统界面说明见表 7.3：

表 7.3   告警管理系统界面说明表

编号	字段名	说明
1	系统菜单	提供部分系统功能，通过该菜单，可以完成告警管理系统的大部分功能
2	工具栏	提供常用操作的快捷图标
3	故障告警浏览窗口	显示当前的故障告警信息
4	事件告警浏览窗口	显示当前的事件告警信息
5	状态栏	位于告警管理系统的底部,包含当前局向的 IP 地址、连接状态、与 NodeB 的交互消息等

3. 跟踪回顾工具

跟踪回顾工具是一个离线浏览工具，用于在离线状态下，模拟在线环境，打开跟踪保存的消息文件，方便跟踪消息的查阅。

跟踪回顾工具的界面如图 7-33 所示。

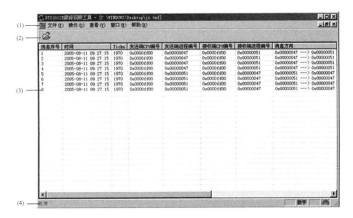

图 7-33   跟踪回顾工具界面图

表 7.4 对界面中的各区域进行说明：

表 7.4 跟踪回顾工具界面说明表

编号	字段名	说明
1	系统菜单	提供部分系统功能，通过该菜单，可以完成跟踪回顾工具的大部分功能
2	工具栏	提供<打开>快捷键
3	消息浏览窗口	消息浏览窗口以列表的方式显示跟踪 Iub 接口得到的消息，并按照消息到达的顺序实时追加在列表的后面
4	状态栏	位于 NodeB 跟踪回顾工具的底部，包含当前的局向、局向的 IP 地址、连接是否正常等

4. MML 命令行客户端

　　MML 命令行客户端是用户执行单条命令的一个窗口。NodeB 的 MML 命令用于实现整个基站的操作维护功能。MML 命令的格式为"命令字：参数名称 = 参数值"，命令字是必须的，但参数名称和参数值不是必需的。

　　包含命令字和参数的 MML 命令示例：SET ALMSHLD；AID = 10015, SHLDFLG = UNSHIELDED；

　　包含命令字的 MML 命令示例：LST VER：；

　　MML 命令字采用"动作+对象"的格式。"动作"的类型相对比较少，而且尽量使用缩写，方便用户记忆和使用。表 7.5 对一些主要的动作类型进行了说明。而"对象"包括的类型相对较丰富，这里不做一一列举。

表 7.5 命令字含义说明表

动作	含义
ACT	激活
ADD	增加
BKP	备份
BLK	闭塞
DLD	下载
DSP	查询动态信息
SET	设置
LST	查询静态数据
MOD	修改
RMV	删除
RST	复位
STR	启动（打开）
STP	停止（关闭）
UBL	解闭塞
ULD	上载

过关训练

一、单选题

1. WCDMA 每载波的时隙数为（　　）。
  A. 4　　　　　　　B. 8　　　　　　　C. 15　　　　　　D. 30

2. WCDMA 的基本带宽为（　　）。
  A. 200 kHz　　　B. 1.25 MHz　　　C. 5 MHz　　　　D. 10 MHz

3. WCDMA 的帧长为多少？（　　）
  A. 0.5 ms　　　　B. 1 ms　　　　　C. 5 ms　　　　　D. 10 ms

4. HSDPA 技术是 3GPP 在（　　）协议中为了满足上下行数据业务不对称的需求提出来的。
  A. R99　　　　　B. R4　　　　　　C. R5　　　　　　D. R6

5. UTRAN 与 CN 之间的接口为（　　）。
  A. Iu 接口　　　　B. Iur 接口　　　　C. Iub 接口

二、多选题

1. 按照实现功率控制的方式，功率控制可以分为（　　）。
  A. 集中式功控　　B. 前向功控　　　C. 反向功控　　　D. 分布式功控

2. 按照功率控制的目的，功率控制可以分为（　　）。
  A. 前向功控　　　B. 反向功控　　　C. 内环功控　　　D. 外环功控。

3. 按照形成环路的方式，功率控制可以分为（　　）。
  A. 开环功率控制　B. 闭环功率控制　C. 反向功控　　　D. 内环功控

4. WCDMA 的发射分集方式包括（　　）。
  A. STTD　　　　B. TSTD　　　　C. 闭环发射分集　D. 开环发射分集

5. WCDMA 支持的切换技术有哪些？（　　）。
  A. 硬切换　　　　B. 接力切换　　　C. 软切换　　　　D. 更软切换

三、判断题

1. WCDMA 的上行调制方式为 QPSK。（　　）

2. WCDMA 基站间同步关系可以采用同步或异步方式。（　　）

3. RNC 用于控制 UTRAN 的无线资源，它通过 Iu 接口与电路域 MSC 和分组域 SGSN 以及广播域 BC 相连。（　　）

4. WCMDA 的 R5 版本中，电路域实现了承载和控制的分离，引入了移动软交换概念及相应的协议。（　　）

5. MML 命令的格式为"命令字：参数名称 = 参数值;"（　　）

四、问答题

1. WCDMA 技术的主要特点有哪些？

2. WCDMA 的核心网 CN 有哪些功能？

3. 请简要说明 3GPP R99 与 R4 网络差异。

4. 请简要说明 UE 主叫的基本流程。

5. 请简要说明 UE 被叫的基本流程。

6. DBS3900 包括哪些部分？

项目八　LTE 移动通信系统

【问题引入】

尽管目前 3G 的各种标准和规范已冻结并获得通过，但 3G 系统仍存在很多不足。如采用电路交换而不是纯 IP 方式，最大传输速率无法满足用户高清视频业务的带宽要求；多种标准难以实现全球漫游功能等。为了改善这些问题，3GPP 在 R8 版本中提出了 LTE 技术，那么 LTE 移动通信系统的传输速率为何能远远高于 3G 移动通信系统？它又采用了哪些关键技术与技术指标？LTE 移动通信系统的框架结构如何组成？与 3G 移动通信系统区别在哪？LTE 的通信过程又是如何实现的？如何进行 LTE 基站系统的日常维护？这是本项目需要涉及与解决的问题。

【内容简介】

本项目主要介绍 LTE 技术的指标需求、LTE 的关键技术、LTE 系统架构和网元功能、LTE 的信号处理流程、LTE 的物理信道和物理信号、LTE 的基本通信过程。其中 LTE 的关键技术、LTE 的系统架构、LTE 的物理信道和物理信号为重要任务内容。

【项目要求】

识记：LTE 的技术指标、LTE 的系统架构。

领会：LTE 的关键技术、LTE 的网元功能、LTE 的物理信道和物理信号。

应用：LTE 的信号处理流程、LTE 的基本通信过程。

任务一　系统概述

【技能目标】

（1）能准确描述 LTE 技术产生的背景。

（2）能准确描述 LTE 技术指标需求。

（3）能熟练运用 LTE 的各类关键技术。

【素质目标】

（1）培养学生勇于创新、善于探索的职业精神。

（2）培养学生善于查阅专业文献的职业习惯。

一、LTE 技术的产生

LTE 是 Long Term Evolution（长期演进）的缩写。它的技术标准是由 3GPP 标准化组织制定的，定位为 3G 技术的演进升级。

LTE 项目的启动主要有三方面的考虑：

（1）基于 CDMA 技术的 3G 标准在通过 HSDPA 以及 Enhanced Uplink 等技术增强之后，可以保证未来几年内的竞争力。但是，需要考虑如何保证在更长时间内的竞争力。

（2）应对来自 WiMAX 的市场压力。

（3）为应对 ITU 的 4G 标准征集做准备。

严格来说，LTE 基础版本 Release8/9 仅属于 3G 增强范畴，也称为 3.9G；按照国际电联 ITU 的定义，LTE 后续演进版本 Release10/11（即 LTE—Advanced）才是真正意义的 4G，如图 8-1 所示。为了便于市场推广，目前全球运营商已普遍将 LTE 各种版本通称为"4G"。

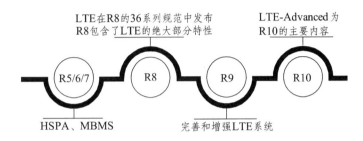

图 8-1　LTE 技术各版本的演进

二、LTE 的技术指标

3GPP 要求 LTE 支持的主要指标和需求如下：

（一）更高的峰值速率

下行链路的瞬时峰值数据速率在 20 MHz 下行链路频谱分配的条件下，可以达到 100 Mb/s（5 b/s·Hz^{-1}）（网络侧 2 发射天线，UE 侧 2 接收天线条件下）。

上行链路的瞬时峰值数据速率在 20 MHz 上行链路频谱分配的条件下，可以达到 50 Mb/s（2.5 b/s·Hz^{-1}）（UE 侧 1 发射天线情况下）。

宽频带、MIMO、高阶调制技术都是提高峰值数据速率的关键所在。

（二）更低的传输时延

1. 控制面延迟

从驻留状态到激活状态，控制面的传输延迟时间小于 100 ms；从睡眠状态到激活状态，控制面传输延迟时间小于 50 ms。

2. 用户面延迟

在"零负载"（即单用户、单数据流）和"小 IP 包"（即只有一个 IP 头、而不包含任何有效载荷）的情况下，期望的用户面延迟不超过 5 ms。

（三）更高的频谱效率

下行链路：在一个有效负荷的网络中，LTE 频谱效率（用每站址、每赫兹、每秒的比特数衡量）的目标是 R6　HSDPA 的 3 ~ 4 倍。此时 R6 HSDPA 是 1 发 1 收，而 LTE 是 2 发 2 收。

上行链路：在一个有效负荷的网络中，LTE 频谱效率（用每站址、每赫兹、每秒的比特数衡量）的目标是 R6 HSUPA 的 2 ~ 3 倍。此时 R6 HSUPA 是 1 发 2 收，LTE 也是 1 发 2 收。

（四）支持更高的移动性

E-UTRAN 能为低速移动（0 ~ 15 km/h）的移动用户提供最优的网络性能，能为 15 ~ 120 km/h 的移动用户提供高性能的服务，对 120 ~ 350 km/h（甚至在某些频段下，可以达到 500 km/h）速率移动的移动用户能够使其保持蜂窝网络的连续性。

（五）频谱灵活性

LTE 系统支持不同大小的系统带宽，包括 1.4 MHz、3 MHz、5 MHz、10 MHz、15 MHz 以及 20 MHz，支持成对和非成对频谱。此外还支持不同频谱资源的整合，即载波聚合技术。

（六）有效降低 CAPEX 和 OPEX

LTE 系统的结构为两级结构，扁平化网络和中间节点的减少使得设备成本和维护成本得以显著降低。

三、LTE 的关键技术

（一）OFDM 技术

OFDM（Orthogonal Frequency Division Multiplexing）即正交频分复用，是一种多载波传输技术。OFDM 的主要思想是：将高速的串行数据转换为多个并行的低速数据，然后将这多个并行的低速数据分别调制到相互正交的子载波上。由于子载波的频谱相互重叠，因而相对于传统的 FDM 技术，OFMD 可以得到较高的频谱效率，如图 8-2 所示。

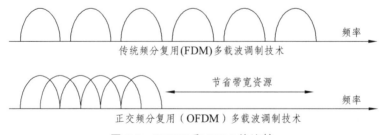

图 8-2　OFDM 和 FDM 的比较

（二）MIMO 技术

MIMO（Multiple-Input Multiple-Output）即多输入多输出，是指无线通信系统在发射端和接收端分别使用多个发射天线和接收天线，使信号通过发射端与接收端的多个天线传送和接收，从而提高覆盖可靠性，降低干扰或者提高传输速率，如图 8-3 所示。MIMO 技术在 LTE 中的应用主要有三种。

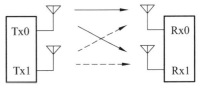

图 8-3　MIMO 系统的工作方式

1. 空间分集

使用多根天线进行发射和接收，多路空间信道传送同样的信息。可以提高接收的可靠性和覆盖效果，适用于需要保证可靠性或覆盖的环境。

2. 空间复用

使用多根天线进行发射或接收，多路空间信道传送不同的信息。理论上可以成倍提高系统的峰值速率，适用于建筑物密集的市区，信号散射多、存在多径传播的环境，不适用于直射环境。

3. 波束赋形

通过对信道的准确估计，使用多路天线阵列在发射端将待发射信号进行赋形，朝用户方向形成波束并发送到接收端。可以有效降低用户间干扰，可以提高覆盖能力，同时降低小区内干扰，提升系统吞吐量，适用于用户密集、小区内干扰较大的区域。

（三）AMC 链路自适应技术

由于移动通信的无线传输信道是一个多径衰落、随机时变的信道，使得通信过程存在不确定性。AMC 链路自适应技术根据信道条件的变化，选择合适的调制和编码方式，以便数据传送时更好地适应信道。

任何一种调制和编码方式，都有一定的 SINR 要求。信道条件变好或者变坏，会导致 SINR 变大或者变小，此时就需要重新选择更合适的调制和编码方式，所以说 AMC 就是根据信道条件的变化来选择合适的调制和编码方式。信道条件变好时，就可以选择高阶的调制方式和高码率编码方式，以提高传输速率。信道条件变差时，就需要选择低阶的调制方式和低码率的编码方式，以确保可靠传输。

（四）HARQ 混合自动重传

在数字通信系统中，差错控制机制基本分为两种：FEC 前向纠错方式和 ARQ 自动重复请求方式。

FEC 是指在信号传输之前，预先对其进行一定的格式处理，接收端接收到这些码字后，按照规定的算法进行解码以达到找出错误并纠正错误的目的，其通信系统如图 8-4 所示。

图 8-4　FEC 通信系统

FEC 系统只有一个信道，能自动纠错，不需要重发，因此时延小实时性好。但不同类型的纠错码的纠错能力不同，当 FEC 单独使用时，为了获得比较低的误码率，往往必须以最坏的信道条件来设计纠错码，因此所用纠错码冗余度较大，这就降低了编码效率，且实现的复杂度较大。FEC 技术只适用于没有反向信道的系统。

ARQ 是指接收端通过校验信息来判断接收到的数据包的正确性，如果接收数据不正确，则将否定应答信息反馈给发送端，发送端重新发送数据块，直到接收端接收到正确数据反馈确认信号则停止重发数据。ARQ 方式纠错的通信系统如图 8-5 所示。

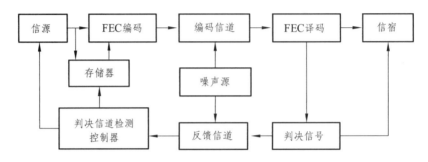

图 8-5　ARQ 通信系统

在 ARQ 技术中，数据包重传的次数与信道的干扰情况有关，若信道干扰较强，质量较差，则数据包可能经常处于重传状态，信息传输的连贯性和实时性较差，但编译码设备简单，较容易实现，ARQ 技术以牺牲吞吐量为代价换取可靠性的提高。

结合 FEC、ARQ 两种错控制技术的特点，将 ARQ 和 FEC 两种差错控制方式结合起来使用，即混合自动重传请求（Hybrid Automatic Repeat reQuest，HARQ）机制。在 HARQ 中采用 FEC 减少重传的次数，降低误码率，使用 ARQ 的重传和 CRC 校验来保证分组数据传输等要求误码率极低的场合。该机制结合了 ARQ 方式的高可靠性和 FEC 方式的高通过效率，在纠错能力范围内自动纠正错误，超出纠错能力范围则要求发送端重新发送。

（五）小区间干扰消除

LTE 特有的 OFDMA 接入方式，使本小区内的用户信息承载在相互正交的不同载波上，因此所有的干扰来自其他小区。对于小区中心的用户来说，其本身离基站的距离就比较近，而外小区的干扰信号距离又较远，则其 SINR 相对较大；但是对于小区边缘的用户，由于相邻小区占用同样载波资源的用户对其干扰比较大，加之本身距离基站较远，其 SINR 相对就较小，导致虽然小区整体的吞吐量较高，但是小区边缘的用户服务质量较差，吞吐量较低。因此，在 LTE 中，小区间干扰抑制技术非常重要。在 LTE 技术中，小区间干扰消除方法主要有以下几种。

1. 小区间干扰随机化（ICI Randomization）

干扰随机化不能降低干扰的能量，但能通过给干扰信号加扰的方式将干扰随机化为"白噪声"，从而抑制小区间干扰。利用干扰的统计特性对干扰进行抑制，误差较大。

2. 小区间干扰消除（ICI Cancellation）

通过将干扰信号解调/解码后，对该干扰信号进行重构，然后从接收信号中减去。可以显著改善小区边缘的系统性能，获得较高的频谱效率，但是对于带宽较小的业务（如 VoIP）则不太适用，在 OFDMA 系统中实现也比较复杂。

3. 小区间干扰协调（ICI Coordination—ICIC）

基本思想是通过管理无线资源使得小区间干扰得到控制，是一种考虑多个小区中资源使用和负载等情况而进行的多小区无线资源管理方案。具体而言，ICIC 以小区间协调的方式对各个小区中无线资源的使用进行限制，包括限制时频资源的使用或者在一定的时频资源上限制其发射功率等。ICIC 是目前研究的一项热门技术，其实现简单，可以应用于各种带宽的业务，并且对于干扰抑制有很好的效果。

任务二　系统结构

【技能目标】

（1）能熟练画出 LTE 的系统结构。
（2）能准确指出 LTE 系统各接口位置。
（3）能描述 LTE 各网元的功能。

【素质目标】

（1）培养学生努力学习、细心踏实的职业习惯。
（2）培养学生自学和知识总结的职业能力。

一、LTE 的系统结构

LTE 的系统结构对传统 3G 的系统结构进行了优化，采用扁平化的结构分为两级，由核心网 EPC 和无线网 E-UTRAN 两部分组成，如图 8-6 所示。

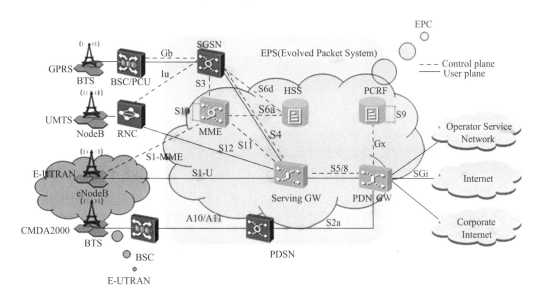

图 8-6　LTE 系统结构图

相对于 3G 系统结构，LTE 系统取消了网元 RNC，其大部分功能下放到 eNode B，少部分功能上升到 EPC；核心网取消了 CS 域，进行纯 PS 域组；核心网的用户面和控制面分离，用户面消息由 SGW 进行处理，控制面消息由 MME 进行处理；eNode B 与 EPC 进行多对多连接。

LTE 系统结构的优点主要体现在：

（1）网络扁平化使得系统延时减少，从而改善用户体验，可开展更多业务。

（2）网元数目减少，使得网络部署更为简单，网络的维护更加容易。

（3）取消了 RNC 的集中控制，避免单点故障，有利于提高网络稳定性。

二、LTE 系统的网元

（一）eNode B

eNode B 即基站，eNode B 除了具有原来 3G 系统 NodeB 的功能之外，还承担了原来 RNC 的大部分功能，包括有物理层功能、MAC 层功能（包括 HARQ）、RLC 层（包括 ARQ 功能）、PDCP 功能、RRC 功能（包括无线资源控制功能）、调度、无线接入许可控制、接入移动性管理以及小区间的无线资源管理功能等。

（二）MME

MME 即移动管理实体，MME 是 LTE 系统的控制核心，主要负责用户接入控制、业务承载控制、寻呼、切换控制等控制信令的处理、漫游、鉴权等功能。

MME 功能与网关功能分离，这种控制平面/用户平面分离的架构，有助于网络部署、单个技术的演进以及全面灵活的扩容。

（三）SGW

SGW 即服务网关，支持 UE 的移动性切换，在基站和 PGW 之间传输数据信息，为下行数据包提供缓存，基于用户的计费等。

（四）PGW

PGW 即分组数据网关，提供数据承载功能，完成包转发、包解析、合法监听、UE 的 IP 地址分配、基于业务的计费、业务的 QoS 控制，以及负责和非 3GGPP 网络间的互联等。

（五）HSS

HSS 即归属签约用户服务器，HSS 是一个用户数据库。它包含用户配置文件，执行用户的身份验证和授权，并可提供有关用户物理位置的信息。HSS 可处理的信息包括：用户识别、编号和地址信息；用户安全信息，即针对鉴权和授权的网络接入控制信息；用户定位信息，即 HSS 支持用户登记、存储位置信息；用户清单信息。

（六）PCRF

PCRF 即策略与计费规则功能单元，该功能实体包含策略控制决策和基于流计费控制的功能，提供关于业务数据流检测、基于 QoS 和基于流计费（除信用控制外）的网络控制功能，做出计费决策。

任务三 LTE 通信过程

【技能目标】
（1）能准确描述 LTE 信号处理流程。
（2）能熟练掌握 LTE 各物理信道和物理信号的作用。
（3）能熟练描述 LTE 基本的通信过程。

【素质目标】
（1）培养学生善于分析解决问题的职业素质。
（2）培养学生团队协作意识和技术沟通的职业能力。

一、LTE 信号处理流程

（一）下行链路信号处理流程

下行链路信号处理流程如图 8-7 所示。

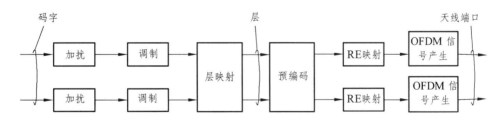

图 8-7 下行链路信号处理流程

（1）加扰：对将要在物理信道上传输的每个码字中的编码比特进行加扰。
（2）调制：对加扰后的比特进行调制，产生调制符号。
（3）层映射：将调制符号映射到一个或者多个传输层。
（4）预编码：将要在各个天线端口上发送的每个传输层上的调制符号进行预编码。
（5）映射到资源元素：把每个天线端口的调制符号映射到资源元素上。
（6）生产 OFDM 信号：为每个天线端口生成 OFDM 符号。

（二）上行链路信号处理流程

上行链路信号处理流程如图 8-8 所示。

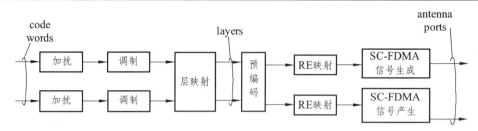

图 8-8　上行物理信道处理流程

（1）加扰：对将要在物理信道上传输的每个码字中的编码比特进行加扰。

（2）调制：对加扰后的比特进行调制，产生调制符号。

（3）层映射：将调制符号映射到一个或者多个传输层。

（4）预编码：对将要在各个天线端口上发送的每个传输层上的调制符号进行预编码。

（5）映射到资源元素：把每个天线端口的调制符号映射到资源元素上。

（6）生产 SC-FDMA 信号：为每个天线端口生成 SC-FDMA 符号。

二、LTE 物理信道

（一）下行物理信道

（1）PBCH：物理广播信道，传递 UE 接入系统所必需的系统信息，具体包括系统带宽指示、系统帧号、PHICH 的信道配置、天线数目等。

（2）PCFICH：物理控制格式指示信道，用于指示一个子帧中用于 PDCCH 的 OFDM 符号数目。

（3）PDCCH：物理下行控制信道，承载上下行调度信息，用于指示 PDSCH 的调制编码方式，资源分配，上行功控等。

（4）PDSCH：物理下行共享信道，承载下行业务数据、系统信息和寻呼消息等。

（5）PHICH：物理 HARQ 指示信道，用于 NodB 向 UE 反馈和 PUSCH 相关的 ACK/NACK 信息，承载 HARQ 信息。

（6）PMCH：物理多播信道，传递 MBMS 相关的数据，在支持 MBMS 业务时，用于承载多小区的广播信息。

（二）上行物理信道

（1）PUCCH：物理上行控制信道，承载上行控制信息，用于申请资源分配、确认接收消息、指示信号质量、预编码指示和秩指示等。

（2）PUSCH：物理上行共享信道，承载上行业务数据和寻呼相关的控制消息。

（3）PRACH：物理随机接入信道，用于 UE 随机接入时发送接入请求 preamble 信号。

三、LTE 物理信号

（一）下行物理信号

（1）PSS：主同步信号，用于时间、频率同步，时隙和子帧同步，区分扇区（取值 0、1、

2），FDD 或 TDD 系统识别等。

（2）SSS：辅同步信号，用于帧同步，区分基站（取值 0、1、2、…167）。

（3）CRS：小区专用参考信号，用于小区内用户进行下行测量、调度下行资源以及数据解调的参考信号。

（4）UE-RS：用户专用参考信号，用于波束成型技术的信道估计和相关解调，对应特定的移动台。

（5）MBSFN-RS：多播单频网参考信号，用于 MBSFN 的信道估计和相关解调，它只在传输了 PMCH 信道的子帧中存在。

（二）上行物理信号

（1）DmRS：即解调参考信号，用于区分用户手机、上行信道估计和频率、时间同步。

（2）SRS：即探测参考信号，用于上行信道估计，选择调制编码等级和上行频率选择性调度。

四、LTE 通信过程

（一）小区初搜

小区搜索过程是指 UE 获得与所在 eNodeB 的下行同步（包括时间同步和频率同步），检测到该小区物理层小区 ID。UE 基于上述信息，接收并读取该小区的广播信息，从而获取小区的系统信息以决定后续的操作，如小区筛选、驻留、发起随机接入等操作。

当 UE 完成与基站的下行同步后，需要不断检测服务小区的下行涟路质量，确保 UE 能够正确接收下行广播和控制信息。同时，为了保证基站能够正确接收 UE 发送的数据，UE 必须取得并保持与基站的上行同步。

小区初搜是 UE 接入系统的第一步，关系到能否快速，准确的接入系统。其通信过程如图 8-9 所示。

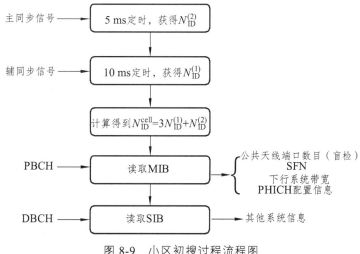

图 8-9　小区初搜过程流程图

小区初搜基本流程：

（1）通过 PSS 获得 5 ms 定时，并通过序列相关得到小区 ID 号 N_ID（2）。

（2）通过 SSS 获得 10 ms 定时，并通过序列相关得到小区 ID 组号 N_ID（1）。

（3）按照以上两步的结果经过计算得到 CELL_ID。

（4）在固定的时频位置上接收并解码 PBCH，得到主信息块 MIB。

（5）在下行子帧内接收使用 SI-RNTI 标识的 PDCCH 信令调度的系统信息块 SIB。

（二）随机接入过程

随机接入过程是当 UE 收到 eNB 的广播信息需要接入时，从序列集中随机选择一个 preamble 序列发给 eNB，然后根据不同的前导序列来区分不同的 UE。其工作流程如图 8-10 所示。

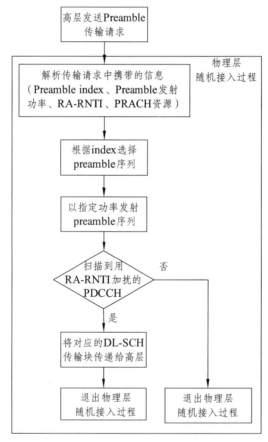

图 8-10　随机接入过程流程图

为什么要进行随机接入过程呢？UE 通过随机接入与基站进行信息交互，完成后续如呼叫、资源请求、数据传输等操作；通过随机接入可实现与系统的上行时间同步；随机接入的性能直接影响到用户的体验，能够适应各种应用场景，快速接入、容纳更多用户的方案。

随机接入过程分为基于竞争和基于非竞争的随机接入过程，随机接入的目的是：请求初始接入；从空闲状态向连接状态转换；支持 eNodeB 之间的切换过程；取得/恢复上行同步；

向 eNodeB 请求 UE ID；向 eNodeB 发出上行发送的资源请求。

1. 基于竞争的随机接入

有竞争的随机接入适应于 UE 初始接入，其流程如图 8-11 所示。

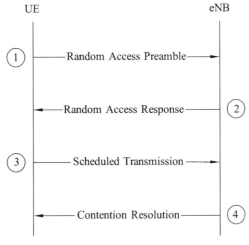

图 8-11　基于竞争的随机接入

（1）UE 端通过在特定的时频资源上，发送可以标识其身份的 preamble 序列，进行上行同步。

（2）基站端在对应的时频资源对 preamble 序列进行检测，完成序列检测后，发送随机接入响应。

（3）UE 端在发送 preamble 序列后，在后续的一段时间内检测基站发送的随机接入响应。

（4）UE 检测到属于自己的随机接入响应，该随机接入响应中包含 UE 进行上行传输的资源调度信息，或者基站发送冲突解决响应，UE 判断是否竞争成功。

2. 基于无竞争的随机接入

无竞争的随机接入适用于切换或有下行数据到达且需要重新建立上行同步时始接入，其流程如图 8-12 所示。

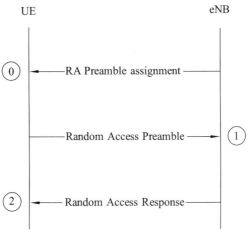

图 8-12　基于无竞争的随机接入

（1）基站根据此时的业务需求，给 UE 分配一个特定的 preamble 序列（该序列不是基站在广播信息中广播的随机接入序列组）。

（2）UE 接收到信令指示后，在特定的时频资源发送指定的 preamble 序列。

（3）基站接收到随机接入 preamble 序列后，发送随机接入响应。进行后续的信令交互和数据传输，随机接入过程结束。

任务四　系统设备及维护

【技能目标】

（1）能准确描述 LTE 分布式基站的形态和特点。

（2）能准确画出 BBU 机框的单板组成。

（3）能准确描述 BBU 各单板的接口及功能。

（4）能准确描述 RRU 各接口的功能。

（5）能熟练完成 LTE 基站的日常维护操作。

【素质目标】

（1）培养学生团队协作意识和技术沟通的职业能力。

（2）培养学生安全生产意识和自我保护能力。

（3）培养学生维护思维和规范操作的职业素质。

一、分布式基站概述

（一）分布式基站解决方案

ZTE 采用 eBBU（基带单元）+ eRRU（远端射频单元）分布式基站解决方案，两者配合共同完成 LTE 基站业务功能。

ZTE 分布式基站解决方案示意图如图 8-13 所示。

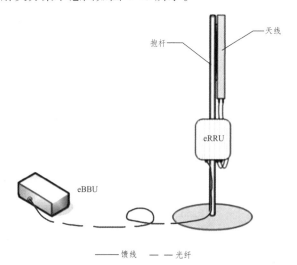

图 8-13　ZTE 分布式基站解决方案示意图

ZTE LTE eBBU+eRRU 分布式基站解决方案具有以下优势：

1. 建网人工费和工程实施费大大降低

eBBU+eRRU 分布式基站设备体积小、重量轻，易于运输和工程安装。

2. 建网快，费用省

eBBU+eRRU 分布式基站适合在各种场景安装，可以上铁塔、置于楼顶、壁挂，站点选择灵活，不受机房空间限制。可帮助运营商快速部署网络，节约机房租赁和网络运营成本。

3. 升级扩容方便，节约网络初期的成本

eRRU 可以尽可能地靠近天线安装，节约馈缆成本，减少馈线损耗，提高 eRRU 机顶输出功率，增加覆盖范围。

4. 功耗低，用电省

相对于传统的基站，eBBU+eRRU 分布式基站功耗更小，可降低在电源上的投资及用电费用，节约网络运营成本。

5. 分布式组网

可有效利用运营商的网络资源，支持基带和射频之间的星形、链形组网模式。

6. 采用更具前瞻性的通用化基站平台

eBBU 同一个硬件平台能够实现不同的标准制式，多种标准制式能够共存于同一个基站。这样可以简化运营商管理，把需要投资的多种基站合并为一种基站（多模基站），使运营商能更灵活地选择未来网络的演进方向。

（二）分布式基站在 LTE 系统中的位置

分布式基站的 eBBU 与 eRRU 通过基带-射频光纤接口连接，构成完整的 eNodeB，在 LTE 系统中的位置如图 8-14 所示。此外 eBBU 与 EPC 通过 S1 接口连接，与其他 eNodeB 间通过 X2 接口连接。

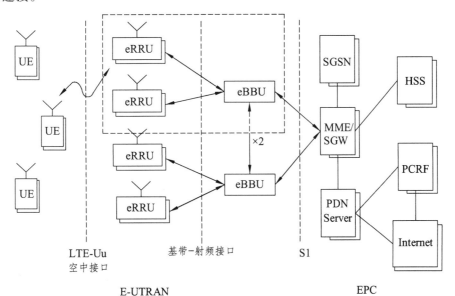

图 8-14　分布式基站在 LTE 系统中的位置

二、ZXSDR B8300 设备认知

（一）ZXSDR B8300 的优点

中兴分布式基站 eBBU 的设备型号为 ZXSDR B8300，具有以下优点：

1. 大容量

ZXSDR B8300 支持多种配置方案，其中每一块 BPL 可支持 3 个 2 天线 20M 小区，或者一个 8 天线 20M 小区。上下行速率最高分别可达 150 Mb/s 和 300 Mb/s。

2. 技术成熟，性能稳定

ZXSDR B8300 采用 ZTE 统一 SDR 平台，该平台广泛应用于 CDMA、GSM、UMTS、TD-SCDMA 和 LTE 等大规模商用项目，技术成熟、性能稳定，支持多种标准，平滑演进。

3. 设计紧凑，部署方便

ZXSDR B8300 采用标准 MicroTCA 平台，体积小，设计深度仅 197 mm，可以独立安装和挂墙安装，节省机房空间，减少运营成本。

4. 全 IP 架构

ZXSDR B8300 采用 IP 交换，提供 GE/FE 外部接口，适应当前各种传输场合，满足各种环境条件下的组网要求。

（二）ZXSDR B8300 整体架构

ZXSDR B8300 采用 19 英寸（1 英寸=2.54 厘米）标准机箱，机框架构如图 8-15 所示。

图 8-15　ZXSDR B8300 机框架构

ZXSDR B8300 作为多模 eBBU，主要提供 S1、X2 接口、时钟同步、eBBU 级联接口、基带射频接口、OMC/LMT 接口、环境监控等接口，实现业务及通讯数据的交换、操作维护功能。

（三）ZXSDR B8300 单板组成

ZXSDR B8300 机框内各单板组成结构如图 8-16 所示。

PM1	BPL8	BPL4	FAN
	BPL7	BPL3	
PM2	BPL6	BPL2	
	BPL5	BPL1	
SE	CC2	BPL9/UC12	
SA	CC1	BPL10/UC11	

图 8-16　ZXSDR B8300 单板组成

1. CC

CC（Control and Clock Board，控制与时钟板），支持 GPS、BITS 时钟、线路时钟、提供系统时钟，提供 GE 以太网交换，提供信令流和媒体流交换平面，提供 GPS 接收机的串口通信功能，支持机框管理、时钟级联和主备倒换功能。

2. BPL

BPL（Baseband Processing Board，基带处理板），提供与 eRRU 的接口，完成用户面协议处理和物理层协议处理，实现基带处理功能。

3. SA

SA（Site Alarm Module，站点告警模块），提供风扇告警监控和转速控制，提供一个 RS485 和一个 RS232 全双工接口，用于外部设备监控，提供六个输入干接点接口，两个输入/输出的干接点接口，实现站点告警监控和环境监控功能。

4. PM

PM（Power Module，电源模块），具备输入过压、欠压测量和保护功能，输出过流保护和负载电源管理功能，实现 eBBU DC 电源输入，并给 eBBU 单板供电。

5. FA

FA（Fan Module，风扇模块），实现 BBU 机框内部散热的功能。

6. SE

SE（Site alarm Extension Board，站点告警扩展板），实现 SA 单板功能扩展。

7. UCI

UCI（Universal Clock Interface Board，通用时钟接口板），与 RGB 通过光纤相连，实现 GPS 拉远输入。

三、ZXSDR R8962 设备认知

（一）ZXSDR R8962 的优点

中兴分布式基站 eRRU 的设备型号为 ZXSDR R8962，与 BBU 配合使用，覆盖方式灵活，和级联的 RRU 间也采用光接口相连。ZXSDR R8962 为采用小型化设计、满足室外应用条件、全密封、自然散热的室外射频单元站。具有体积小（小于 13.5 L）、质量轻（10 kg）、功耗低（160 W）、易于安装维护的特点。

ZXSDR R8962 可以直接安装在靠近天线位置的桅杆或者墙面上，可以有效降低射频损耗。最大支持每天线 20 W 机顶射频功率，可以广泛应用于从密集城区到郊区广域覆盖等多种应用场景。设备供电方式灵活，支持 – 48 V DC 的直流电源配置，也支持 220 V AC 的交流电源配置，支持功放静态调压。

eBBU 根据配置的小区信息，确定 ZXSDR R8962 需要的最大发射功率。ZXSDR R8962 根据 eBBU 下发的小区功率调整对应的电源输出电压等级，并控制电源给功放提供的电压来调整它的输出功率等级，保证在不同功率等级下有较高的功率效率，以起到节能降耗的作用。

（二）ZXSDR R8962 整体架构

ZXSDR R8962 整体架构如图 8-17 所示。

（三）ZXSDR R8962 硬件组成

1. 收发信单元

收发信单元完成信号的模数和数模转换、变频、放大、滤波，实现信号的 RF 收发，以及 ZXSDR R8962 的系统控制和接口功能。

2. 交流电源模块/直流电源模块

将输入的交流（或直流）电压转化为系统内部所需的电压，给系统内部所有硬件子系统或者模块供电。

3. 腔体滤波器

内部实现接收滤波和发射滤波，提供通道射频滤波。

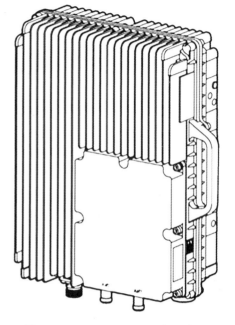

4. 低噪放功放

图 8-17　ZXSDR R8962 产品外观

包括功放输出功率检测电路和数字预失真反馈电路。实现收发信板输入信号的功率放大，通过配合削峰和预失真来实现高效率；提供前向功率和反向功率耦合输出口，实现功率检测等功能。

5. 外部接口和接地端子

ZXSDR R8962 的外部接口和接地端子如图 8-18、图 8-19 所示。

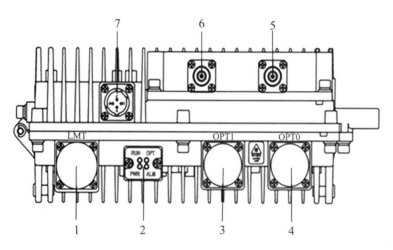

图 8-18　产品物理接口

1—LMT：操作维护接口；2—状态指示灯：包括设备运行状态指示，光口状态指示，告警，电源工作状态指示；3—OPT1：连接 BBU 或级联 ZXSDR R8962 L26A 的接口 1；4—OPT0：连接 BBU 或级联 ZXSDR R8962 L26A 的接口 0；5—ANT0：天线连接接口 0；6—ANT1：天线连接接口 1；7—PWR：−48 V 直流或 220 V 交流电源接口

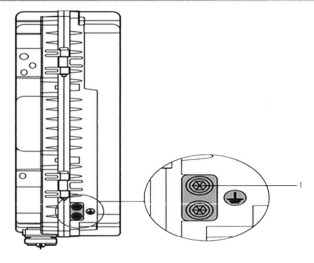

图 8-19 设备端子位置示意图

1—接地端子

6. 连接线缆

1）电源线缆

ZXSDR R8962 的电源电缆用于连接电源接口至供电设备接口，线缆长度按照工勘的要求制作。电缆 A 端为 4 芯 PCB 焊接接线插座，用于连接 RRU；B 端为工程预留，需要现场制作。

2）保护地线缆

ZXSDR R8962 的保护地线缆用于连接机箱的一个接地螺栓和接地铜排，采用 16 mm^2 黄绿色阻燃多股导线制作。

3）光纤

ZXSDR R8962 的光纤用于 RRU 级联线缆或 RRU 与 BBU 的连接线缆。

4）天馈跳线

天馈跳线用于 ZXSDR R8962 与天线的连接。

四、LTE 基站日常维护

（一）更换可插拔光模块

对系统的影响：无业务保护情况，更换光模块会导致该路光纤业务中断。

注意事项：

（1）更换过程中，勿直视光纤接口，以免激光损伤眼睛。

（2）光模块是静电敏感元件，在整个操作过程都要采取防静电措施，避免损坏光模块。

（3）更换过程中无须插拔单板。只能更换外置光模块，内置光模块不能更换。

（4）光纤插拔过程中需要小心操作，注意不要损伤光纤头部。

操作步骤：

（1）佩戴防静电手腕，并将其插头一端插入设备上的 ESD 插孔，或者佩戴防静电手套。

（2）确认待更换的光模块所在的机柜、机盒、槽位等安装位置；选择名称、型号和参数与待更换光模块完全相同的备件。

（3）记录线缆的位置，并查看各线缆上的标签是否正确、清晰和整洁。查询并记录网元当前告警。

（4）拔出待更换的光模块，将新光模块插入单板的光接口，如图 8-20 所示。

① 将光模块接口上的光纤拔出，在光纤连接器上盖上防尘帽。

② 将拆下的光模块放入防静电盒或者防静电袋中。

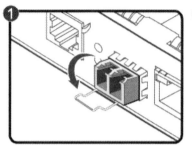

图 8-20　更换光模块

（5）从防静电盒或者防静电袋中取出新光模块，将光模块插入光接口中，当光模块的簧片发出"咔"的响声时，表示光模块已正确插入。检查更换了光模块的接口的指示灯均处于正常状态，如果指示灯显示异常需要重新拔插光模块或再次更换光模块。

（6）查询单板告警，确认单板原告警已解除且无新告警产生。确认光模块在位，确认输入输出功率均在正常范围内。避免光功率超过过载点，导致光模块被烧毁。

收尾工作：对于更换下来的故障部件，应及时填写《故障物料返修卡》，然后将该此卡连同故障部件一起打包并邮寄给设备厂商。

（二）主控板、交换网板、业务处理板等更换

1. 拔出

拔出板卡的操作步骤如图 8-21 所示。

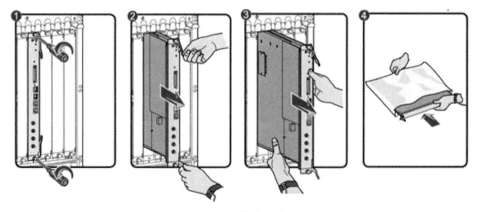

图 8-21　拔出板卡

（1）佩戴好防静电腕带，并将其接地端插入机架上的 ESD 插孔。

（2）用十字螺丝刀沿逆时针方向拧松单板上下两个松不脱螺钉。

（3）双手抓住单板的扳手，用力将扳手向外翻转，当扳手与拉手条成 45 度角度时，单板插头将脱离背板。

（4）双手抓住单板的扳手，然后将单板沿着机箱插槽的导轨平稳地拔出，在单板拔 30 ~ 40 cm 左右的时候，一只手平托单板的下边沿，另一只手抓住单板的面板，平稳的将单板从插框拔出。

（5）将拆下的主控板放入防静电包装盒中。

2. 装入

装入板卡的操作步骤如图 8-22 所示。

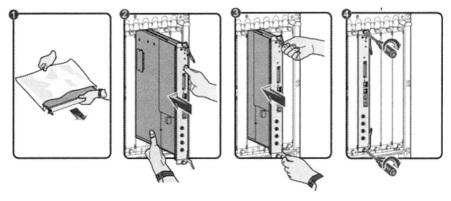

图 8-22　装入板卡

（1）佩戴好防静电腕带，并将其接地端插入机架上的插孔。

（2）从防静电包装盒中取出新主控板。

（3）一只手平托单板的下边沿，另一只手抓住单板的面板，然后将单板沿着机箱插槽的导轨平稳地插入，当单板拉手条上的扳手与机箱接触时停止向前滑动。

（4）将单板上的上、下扳手向外扳开 45 度，双手同时向里推单板。双手将单板的扳手向内翻，直到单板的面板紧贴插框。

（5）用十字形螺丝刀沿顺时针方向拧紧上下两个松不脱螺钉。

（三）清洗防尘网

清洗防尘网的操作步骤如图 8-23 所示。

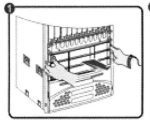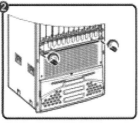

图 8-23　清洗防尘网

（1）将手指伸入进风框面板两侧的抠手位，平行向外拉，将进风框面板取下。拆卸进风框面板。

（2）松开防尘网两边的松不脱螺钉。双手抓住防尘网两边的松不脱螺钉，将防尘网抽出。

（3）使用清水将防尘网清洗干净，清洗时按压防尘网即可，但不可搓揉，避免防尘网破损。

（4）将清洗后的防尘网安装到设备上。

（四）基站故障定位及分析思路

1. 获取故障的途径及初步分析

机房维护人员获得故障的途径有：后台告警、业务观察、性能统计和用户直接投诉申告四种。

故障定位需要遵循网内→网外，外部设备（电源、传输、switch 等）→系统本身，单站→部分基站→全局，系统参数→软件→硬件等这种思路进行分析。

2. 常用分析思路

排除法：根据故障现象，列举出所有可能产生故障的原因，然后对这些原因进行分析，按原因的可能性大小进行排序，依照排序对产生故障的原因进行排查、定位故障点，直到故障解决。

尝试法：在配置系统参数时，有很多参数（比如无线参数）都是很难确定的，需要一定的经验总结，也往往需要经过一定时间摸索和不断尝试才能找到比较正确的配置数据。尝试法普遍的应用就是部件替换或拔插。

类比法：借用过去的经验，解决新的故障的一种思路。

反推法：根据故障现象，经过推理、判断、分析，直接查找故障出处从而解决故障。

3. 常用维护方法

故障现象分析：经过仔细的故障现象分析，准确定位故障的设备实体。

指示灯状态分析：根据状态指示灯的状态，可以分析故障产生的部位，甚至分析产生的原因。

告警和日志分析：通过分析告警和日志，可以帮助维护人员分析产生故障的根源，同时发现系统的隐患。告警是发现设备故障的主要途径。

业务观察分析：业务观察可以协助维护人员进行系统资源分析观察、呼叫观察、呼叫释放观察、切换观察、BSS 软切换观察、指定范围的业务数据（呼叫、呼叫释放、切换）观察、指定进程数据区观察和历史数据的查看等。它可提供尽可能多的信息以帮助了解系统的运行情况，解决系统中存在的故障。

信令跟踪分析：从信令跟踪中，可以很容易知道信令流程是否正确，信令流程各消息是否正确，消息中的各参数是否正确，通过分析就可查明产生故障的根源。

性能统计分析：根据对设备的性能进行统计分析，发现设备运行中的异常情况，从而明确设备的故障原因。

仪器仪表测试分析：利用仪器仪表可测量系统的运行指标、环境指标、链路状况、无线指标，将测量结果与正常情况下的指标进行比较，分析产生差异的原因。经常使用的仪器仪表有万用表、驻波比测试仪、频谱仪。

部件更换：用正常的部件更换可能有故障的部件，如果更换后故障解决，即可定位故障。

拨打测试和路测：拨打测试和路测也是维护中常用的方法，主要应用在故障重现和故障恢复后的验证上。

拔插法：对可能产生故障的单板分别进行拔插，每拔插一个单板，则对拔插效果进行观察，如果拔插某块单板时故障消失，则说明是因为该单板本身故障或者单板与背板的连接引起的故障。

过关训练

一、单选题

1. LTE 的全称是（　　）。

A. Long Term Evolution　　　B. Long Time Evolution　　　C. Later Term Evolution

2. 关于 LTE 需求下列说法中正确的是（　　）。

A. 上行行峰值数据速率 100 Mb/s（20 MHz，2 天线接收）

B. C-plane 时延为 5 ms

C. 不支持离散的频谱分配

D. 支持不同大小的频段分配

3. 下列哪个网元属于 E-UTRAN？（　　）

A. S-GW　　　　　　B. E-NodeB　　　　　　C. MME　　　　　　D. PGW

4. LTE 支持灵活的系统带宽配置，以下哪种带宽是 LTE 协议不支持的（　　）

A. 5 M　　　　　　B. 10 M　　　　　　C. 20 M　　　　　　D. 40 M

5. 下行物理信道一般处理过程为（　　）。

A. 加扰，调整，层映射，RE 映射，预编码，OFDM 信号产生

B. 加扰，层映射，调整，预编码，RE 映射，OFDM 信号产生

C. 加扰，预编码，调整，层映射，RE 映射，OFDM 信号产生

D. 加扰，调整，层映射，预编码，RE 映射，OFDM 信号产生

6. LTE 系统由（　　）、eNodeB、UE3 部分组成。

A. EPC　　　　　　B. MME　　　　　　C. PDSN　　　　　　D. P-GW

7. MIMO 广义定义是（　　）。

A. 多输入多输出　　　B. 少输入多输出　　　C. 多输入少输出

8. LTE 的设计目标是（　　）。

A. 高数据速率　　　　　　　　　　B. 低时延

C. 分组优化的无线接入技术　　　　D. 以上都正确

9. 小区专用的参考信号为（　　）。

A. CRS　　　　　　B. MBSFN 参考信号　　　　　　C. DRS

10. 下行物理共享信道是（　　）。

A. PDSCH　　　　　　B. PCFICH　　　　　　C. PHICH　　　　　　D. PDCCH

11. LTE 采用扁平化网络结构原因是（　　）。

A. 设备少、开局容易，并且传输时延少，O&M 操作简单，有利于提高网络稳定性

B. 设备少、开局容易、O&M 操作简单但传输时延大，有利于提高网络稳定性

C. 开局容易、O&M 操作简单但传输时延大，需要增加大量设备，有利于提高网络稳定性

12. LTE 的系统结构中，S6a 接口是哪两个网元之间的接口？（　　　）

A. eNode B 和 MME
B. MME 和 HSS

C. MME 和 SGW
D. SGW 和 PGW

13. 那种情形下可以进行无竞争的随机接入？（　　　）

A. 由 Idle 状态进行初始接入

B. 无线链路失败后进行初始接入

C. 切换时进行随机接入

D. 在 Active 情况下，上行数据到达，如果没有建立上行同步，或者没有资源发送调度请求，则需要随机接入

14. 物理随机接入信道是（　　　）。

A. PDCCH　　　　B. PUSCH　　　　C. PHICH　　　　D. PRACH

15. BBU 和 RRU 通过（　　　）传输。

A. 双绞线　　　　B. 同轴电缆　　　　C. 光纤　　　　D. 跳线

二、多选题

1. 关于 LTE 网络整体结构，哪些说法是正确的？（　　　）

A. E-UTRAN 用 E-NodeB 替代原有的 RNC-NodeB 结构

B. 各网络节点之间的接口使用 IP 传输

C. 通过 IMS 承载综合业务

D. E-NodeB 间的接口为 S1 接口

2. LTE 的系统带宽包括（　　　　　）。

A. 1.4 MHz　　　　B. 3 MHz　　　　C. 5 MHz　　　　D. 10 MHz

E. 15 MHz　　　　F. 20 MHz

3. LTE 小区搜索获得的基本信息包含（　　　　）。

A. 初始符号定位　　B. 位置同步；　　C. 小区传输带宽　　D. 小区标识号

4. 下面哪些接口是 LTE 系统架构中所具有的？（　　　　）。

A. S1　　　　B. X2　　　　C. Iur　　　　D. E1

5. TD-LTE 下行物理信道有哪些？（　　　　）。

A. PBCH（物理广播信道）
B. PDCCH（下行物理控制信道）

C. PHICH（HARQ 指示信道）
D. PDSCH（下行物理共享信道）

E. PCFICH（控制格式指示信道）

6. MIMO 天线可以起（　　　　　）作用。

A. 收发分集　　　　B. 空间复用　　　　C. 赋形抗干扰　　　　D. 用户定位

7. 以下关于物理信号的描述，哪些是正确的？（　　　　　）

A. 同步信号包括主同步信号和辅同步信号两种

B. MBSFN 参考信号在天线端口 5 上传输

C. 小区专用参考信号在天线端口 0～3 中的一个或者多个端口上传输

D. 终端专用的参考信号用于进行波束赋形

E. SRS 探测用参考信号主要用于上行调度

8. 以下哪些是 LTE 的关键技术？（　　　　）

A. OFDM　　　　　B. 多天线技术　　　　C. 链路自适应

D. HARQ　　　　　E. 小区间干扰消除

三、判断题

1. LTE 上下行均采用 OFDMA 多址方式。（　　　）

2. LTE 系统只支持 PS 域，不支持 CS 域，语音业务在 LTE 系统中主要通过 VOLTE 业务来实现。（　　　）

3. LTE 系统中，无线传输方面引入了 OFDM 技术和 MIMO 技术。（　　　）

4. LTE 小区搜索基于主同步信号和辅同步信号。（　　　）

5. S1 接口的用户面终止在 SGW 上，控制面终止在 MME 上。（　　　）

6. 采用空分分集可以提高用户的峰值速率。（　　　）

7. X2 接口是 RRU 之间的接口。（　　　）

8. eNB 之间通过 X2 接口进行通信,可进行小区间优化的无线资源管理。（　　　）

四、问答题

1. 小区间干扰消除方法主要有哪几种？

2. LTE 系统结构的优点主要有哪些？

3. 请简要说明 LTE 下行链路信号处理流程。

4. 请简要说明 LTE 上行链路信号处理流程。

5. 试画出 ZXSDR B8300 机框内标配的单板组成结构。

6. LTE 基站设备常用的维护方法有哪些？

英文缩略语

| 3G | 3rd Generation | 第三代数字通信 |
| 3GPP | 3rd Generation Partnership Project | 第三代合作伙伴计划 |

A

AAA	Authentication Authorization Accounting	鉴权、认证和计费模块
AAL2	ATM Adaptation Layer type 2	ATM 适配层 2
AAL5	ATM Adaptation Layer type 5	ATM 适配层 5
AAS	Adaptive Antenna System	自适应天线系统
AC	Authentication Center	鉴权中心
ADSL	Asymmetric Digital Subscriber Line	非对称数字用户电路/线
AI	Acquisition Indicator	捕获指示
AICH	Acquisition Indicator Channel	捕获指示信道
AIE	Air Interface Evolution	3GPP2 的空中接口演进
ALCAP	Access Link Control Application Protocol	接入链路控制应用部分
AM	Acknowledged Mode	确定模式
AMC	Adaptive Modulation and Coding	自适应调制编码
AMPS	Advanced Mobile Phone System	高级移动电话系统
AMR	Adaptive Multi Rate	自适应多速率（语音声码器）
ANSI	American National Standards Institute	美国国家标准局
AP	Access Point	接入点
API	Application Programming Interface	应用程序编程接口
ARIB	Association of Radio Industries and Businesses	日本电波产业协会
ARPU	Average Revenue Per User	每用户平均收益
ARQ	Automatic Repeat Request	自动重发请求
AS	Access Stratum	接入层
ASIC	Application Specific Integrated circuit	专用集成电路
ASN.1	Abstract Syntax Notation One	抽象语法表示 1
ATM	Asynchronous Transfer Mode	异步传输模式
AUC	Authentication Center	鉴权中心
AWGN	Additive White Gaussian Noise	加性高斯白噪声

B

BC	Broadcast	广播
BCCH	Broadcast Control Channel	广播控制信道
BCH	Broadcast Channel	广播信道
BER	Bit Error Ratio	误码率/比特差错率
BG	Border Gateway	边界网关
BICC	Bearer Independent Call Control protocol	与承载无关的呼叫控制协议
BMC	Broadcast/Multicast Control	广播/多播控制
BPSK	Binary Phase Shift Keying	二相相移键控
BSC	Base Station Controller	基站控制器
BSS	Base Station System	基站子系统
BSSAP	Base Station Subsystem Application Part	基站子系统应用部分
BSSMAP	Base Station Subsystem Mobile Application Part	基站子系统移动应用部分
BTS	Base Transceiver Station	基站收发信台
BWAMAN	Broadband Wireless Access Metropolitan Area Network	宽带无线接入城域网

C

CAMEL	Customized Application for Mobile Enhanced Logic	用于移动网络增强逻辑定制的应用
CAP	CAMEL Application Part	CAMEL 应用部分
CATT	Chinese Academe of Telecommunications Technology	中国电信科技研究院
CBS	Cell Broadcast Service	小区广播业务
CCCH	Common Control Channel	公共控制信道
CCITT	Consultative Committee on International Telegraph and Telephone	国际电话和电报咨询委员会
CCPCH	Common Control Physical Channel	公共控制物理信道
CCTrCH	Coded Composite Transport Channel	编码组合传输信道
CDMA	Code Division Multiple Access	码分多址
CDMA2000	Code Division Multiple Access 2000	CDMA2000
CDMA2000 1x EV	CDMA2000 1X Evolution	CDMA2000 1x 增强
CDMA2000 1x EV-DO	CDMA2000 1X Evolution-Data Only	CDMA2000 1x 演进数据业务
CDMA2000 1x EV-DV	CDMA2000 1x Evolution-Data&Voice	CDMA2000 1x 演进数据语音业务
CDMA-DS	CDMA-Direct Sequence Spread Spectrum	CDMA 的直接序列扩频

CDPD	Cellular Digital Packet Data	蜂窝数字式分组数据交换网络
CDR	Call Detail Record	呼叫细节记录
CFB	Call Forwarding On Mobile Subscriber Busy	遇忙呼叫前转
CFNA	Call Forwarding No Reply	无应答呼叫前转
CFU	Call Forwarding Unconditional	无条件呼叫前转
CG	Charging Gateway	计费网关
CM	Configuration Management	配置管理
CN	Core Network	核心网
CNIP	Calling Number Identification Presentation	呼叫号码识别显示
CNIR	Calling Number Identification Restriction	呼叫号码识别限制
CP	Circulation Prefix	循环前缀
CPCH	Common Packet Channel	公共分组信道
CPE	Customer premise equipment	客户端设备
CPICH	Common Pilot Channel	公共导频信道
CPS	Common Part Sublayer	公共部分子层
CRC	Cyclic Redundancy Check	循环冗余校验
CRNC	Controlling Radio Network Controller	控制 RNC
CSCF	Call Server Control Function	呼叫服务器控制功能
CSPDN	Circuit-Switched Public Data Network	电路交换公用数据网
CT	Call Transfer	呼叫转移
CTCH	Common Traffic Channel	公共业务信道
CW	Call Waiting	呼叫等待
CWTS	China Wireless Telecommunication Standard Group	中国无线通信标准研究组

D

D/A	Digital/Analog	数字/模拟
DAB	Digital Audio Broadcasting	数字音频广播
DAMA	Demand Assigned Multiple Access	按需分配的多址接入
D-AMPS	Digital-Advanced Mobile Phone Service	数字高级移动电话服务
DC	Dedicated Control（SAP）	专用控制（SAP）
DCA	Dynamic Channel Allocation	动态信道分配
DCCH	Dedicated Control Channel	专用控制信道
DCH	Dedicated Channel	专用信道
DECT	Digital Enhanced Cordless Telecommunications	数字增强无绳通信
DL	DownLink	下行链路
DPCCH	Dedicated Physical Control Channel	专用物理控制信道
DPCH	Dedicated Physical Channel	专用物理信道

DPDCH	Dedicated Physical Data Channel	专用物理数据信道
DRNS	Drift RNS	漂移 RNS
DS	Direct Spread	直接序列扩频
DSCH	Downlink Shared Channel	下行共享信道
DSL	Digital Subscriber Line	数字用户线
DSP	Digital Signal Processor	数字信号处理器
DSSS	Direct Sequence Spread Spectrum	直接序列扩频
DTAP	Direct Transfer Application Part	直接传递应用部分
DTCH	Dedicated Traffic Channel	专用业务信道
DTX	Discontinuous Transmission	不连续发射
DVB	Digital video Broadcasting	数字视频广播
DWPTS	Downlink Pilot Time Slot	下行导频时隙

E

EDGE	Enhanced Data rates for GSM Evolution	GSM 增强型数据速率
EIR	Equipment Identity Register	设备识别寄存器
ESN	Electron Serial Number	电子序列号
ETSI	European Telecommunications Standards Institute	欧洲电信标准化协会
EVRC	Enhanced Variable Rate Coder	增强型变速率编码器

F

FA	Foreign Agent	外地代理
FACH	Forward Access Channel	前向接入信道
FBCCH	Forward Broadcast Control Channel	前向广播控制信道
FBI	Feedback Information	反馈信息
FCACH	Forward Common Assignment Channel	前向公共指配信道
FCCCH	Forward Common Control Channel	前向公共控制信道
FCPCCH	Forward Common Power Control Channel	前向公共功率控制信道
FDCCH	Forward Dedicated Control Channel	前向专用控制信道
FDD	Frequency Division Duplex	频分双工
FEC	Forward Error Correction	前向纠错
FER	Frame Error Ratio	误帧率
FFT	Fast Fourier Transform	快速傅立叶变换
FHSS	Frequency Hopping Spread Spectrum	跳频扩频
FL	Forward Link	前向链路
FPACH	Fast Physical Access Channel	快速物理接入信道
FPCH	Forward Pilot Channel	前向导频信道
FPLMTS	Future Public Land Mobile Telecommunication Systems	未来公众陆地移动通信系统

FQPCH	Forward Quick Paging Channel	前向快速寻呼信道
FSCCH	Forward Supplemental Code Channel	补充码分信道
FSCH	Forward Supplemental Channel	前向补充信道

G

GC	General Control （SAP）	通用控制（SAP）
GDP	Gross Domestic Product	国内生产总值
GERAN	GSM EDGE Radio Access Network	GSM EDGE 无线接入网络
GGSN	Gateway GSN	网关 GSN
GMLC	Gateway Mobile Location Center	网关移动位置中心
GMSC	Gateway Mobile Switching Center	网关移动交换中心
GP	Guard period	保护时间
GPRS	General Packet Radio Service	通用分组无线服务
GPS	Global Positioning System	全球定位系统
GSM	Global System for Mobile Communications	全球移动通信系统
GSN	GPRS Support Nodes	GPRS 支持节点
GTP	GPRS Tunneling Protocol	GPRS 隧道传输协议

H

H.248		媒体网关控制协议
HA	Home Agent	归属代理
HARQ	Hybrid-ARQ	混合自动重传请求
HDR	High Data Rate	高速率数据
HDSL	High-rate Digital Subscriber Line	高比特率数字用户线
HDTV	High Definition Television	高清晰度电视
H-FDD	Half-Frequency Division Duplex	半频分双工
HLR	Home Location Register	归属位置寄存器
HPSK	Hybrid Phase Shift Keying	混合移相键控
HSDPA	High Speed Downlink Packages Access	高速下行分组接入
HS-DPCCH	High-Speed Dedicated Physical Control Channel	高速专用物理控制信道
HS-DSCH	High-Speed Downlink Shared Channel	高速下行共享信道
HSPA	High Speed Packet Access	高速分组接入
HSS	Home Subscriber Server	归属用户服务器
HS-SCCH	High-Speed Shared Control Channel	高速共享控制信道

I

| IEEE | Institute of Electrical and Electronics Engineers | 美国电气电子工程师协会 |

IETF	Internet Engineering Task Force	互联网工程任务组
IM	Intermodulation	互调失真
IMEI	International Mobile Equipment Identity	国际移动设备识别
IMS	IP Multimedia Sub-system	IP 多媒体子系统
IMSI	International Mobile Subscriber Identity	国际移动用户识别号
IMT-2000	International Mobile Telecommunication-2000	国际移动迪信 2000
IMT-DS	IMT-Direct Sequence Spread Spectrum	IMT 直接序列扩频
IMT-MC	IMT-Multi Carrier	IMT 多载波
IMT-SC	IMT-Single Carrier	IMT 单载波
IMT-TD	IMT-Time Division	IMT 时分
IP	Internet Protocol	Internet 协议
ISDN	Integrated Services Digital Network	综合业务数字网
ISUP	ISDN User Part	ISDN 用户部分
ITU	International Telecommunication Union	国际电信联盟
IWF	Inter Working Function	交互功能

L

L1	Layer 1（physical layer）	层 1（物理层）
L2	Layer 2 （data link layer）	层 2（数据链路层）
L3	Layer 3 （network layer）	层 3（网络层）
LAN	Local Area Network	局域网
LAP	Link Access Procedure	链路访问规程
LCR	Low Code Rate	低码片速率
LOS	Line-Of-Sight	视距
LPI	Length of Page Indicator	寻呼指示长度
LSRANS	Lossless SRNS Relocation	无损 SRNS 重定位
LTE	Long Term Evolution	长期演进

M

MAC	Media Access Control	媒体接入控制
MAI	Multiple Access Interference	多址干扰
MAN	Metropolitan Area Network	城域网
MAP	Mobile Application Part	移动应用部分
MBMS	Multimedia Broadcast Multicast Service	多媒体广播和组播技术
MBWA	Mobile Broadband Wireless Access	移动宽带接入
MC	Multi-Carrier	多载波
MCTD	Multi-Carrier Transmit Diversity	多载波发射分集
ME	Mobile Equipment	移动设备
MGCF	Media Gateway Control Part	媒体网关控制部分

MGW	Media Gateway	媒体网关
MIB	Master Indication Block	主信息块
MIMO	Multiple-Input Multiple-Out-put	多入多出
MM	Mobility Management	移动性管理
MPC	Multimedia Personal Computer	多媒体个人计算机
MRF	Media Resource Function	媒体资源功能
MRFC	Multimedia Resource Function Controller	多媒体资源控制器
MRFP	Multimedia Resource Function Processor	多媒体资源处理器
MSC	Mobile-services Switching Center	移动业务交换中心
MSH	Mesh	网状
MSISDN	Mobile Station International ISDN Number	移动台国际 ISDN 号码
MSRN	Mobile Station Roaming Number	移动台漫游号码
MSS	Mobile Satellite Service	移动卫星服务
MT	Mobile Termination	移动终端
MTP	Message Transfer Part	消息传递部分
MUD	Multi User Detection	多用户检测
MWN	Message Waiting Notices	消息等待通知

N

NAS	Non Access Stratum	非接入层
NBAP	Node B Application Part	NodeB 应用部分
NGN	Next Generation Network OR New Generation Network	下一代网络或新一代网络
NLOS	Non-Line-Of-Sight	非视距
NMC	Network Management Center	网络管理中心
NMT	Nordic Mobile Telephony - 450	北欧移动电话-450
NSS	Network Sub-System	网络子系统
Nt	Notification	通知
NTT	NIPPON Telegraph and Telephone corporation	日本电信电话株式会社

O

O&M	Operation And Maintenance	运行和维护
ODMA	Opportunity Driven Multiple Access	机会驱动多址接入
ODTH	ODMA Dedicated Transport Channel	ODMA 专用传输信道
OFDM	Orthogonal Frequency Division Multiplexing	正交频分复用
OFDMA	Orthogonal Frequency Division Multiplexing Access	正交频分复用接入
OMC	Operation Maintenance Centre	操作维护中心
OPCH	ODMA Dedicated Physical Channel	ODMA 专用物理信道
ORACH	ODMA Random Access Channel	ODMA 随机接入信道

OSA	Open Service Architecture	开放业务结构
OSI	Open Systems Interconnection	开放系统互联
OSS	Operating Subsystem	操作子系统
OTD	Orthogonal Transmit Diversity	正交发射分集
OVSF	Orthogonal Variable Spreading Function	正交可变扩频函数

P

PAPR	Peak-to-Average Power Ratio	峰均功率比
PA	Power Amplifier	功率放大器
PCCC	Parallel Concatenated Convolutional Code	并行级联卷积码
PCCH	Paging Control Channel	寻呼控制信道
PCCPCH	Primary Common Control Physical Channel	主公共控制物理信道
PCF	Packet Control Function	分组控制功能
PCH	Paging Channel	寻呼信道
PCM	Pulse Code Modulation	脉冲编码调制
PCPCH	Physical Common Packet Channel	物理公共分组信道
PCS	Personal Communication Systems	个人通信系统
PDA	Personal Digital Assistant	个人数字助理
PDC	Personal Digital Cellular	个人数字蜂窝技术（日本的 2G 标准）
PDCP	Packet Data Convergence Protocol	分组数据汇聚协议
PDN	Public Data Network	公用数据网
PDP	Packet Data Protocol	分组数据协议
PDSCH	Physical Downlink Shared Channel	物理下行链路共享信道
PDSN	Packet Data Serving Node	分组数据业务节点
PDU	Protocol Data Unit	协议数据单元
PHS	Personal Handy-phone System	个人手持式电话系统（即小灵通）
PHY	Physical Layer	物理层
PICH	Paging Indicator Channel	寻呼指示信道
PLMN	Public Land Mobile Network	公共陆地移动网
PMP	Point-to-MultiPoint	点到多点
PN	Pseudo Noise	伪随机噪声
POC	PTT Over Cellular	利用蜂窝网实现 PTT（无线一键通）
PRACH	Physical Random Access Channel	物理随机接入信道
PS	Packet Switched	分组交换
PSC	Primary Synchronization Code	主同步码
PSCH	Physical Shared Channel	物理共享信道

PSMM	Pilot Strength Measurement Message	导频强度测量消息
PSPDN	Packet Switch Public Data Network	分组交互公用数据网
PSTN	Public Switched Telephone Network	公共交换电话网
PTT	Push-To-Talk	一键通
PUSCH	Physical Uplink Shared Channel	物理上行共享信道

Q

QAM	Quadrature Amplitude Modulation	正交幅度调制
QCELP	Qualcomm Code Excited Linear Prediction	Qualcomm 码激励线性预测
QoS	Quality of Service	服务质量
QPSK	Quadrature Phase Shift Keying	正交相移键控

R

RAB	Radio Access Bearer	无线接入承载
RACH	Random Access Channel	随机接入信道
RADIUS	Remote Authentication Dial-In User Service	拨入用户远端认证
RAN	Radio Access Network	无线接入网络
RANAP	Radio Access Network Application Part	无线接入网络应用部分
RBS	Radio Base Station	无线基站
RC	Radio Configuration	无线配置
REQ	REQuest	请求
RF	Radio Frequency	射频
RLC	Radio Link Control	无线链路控制
RNC	Radio Network Controller	无线网络控制器
RNS	Radio Network Subsystem	无线网络子系统
RNSAP	Radio Network Subsystem Application Part	无线网络子系统应用部分
RRC	Radio Resource Control	无线资源控制
RRI	Reverse Rate Indication	反向速率指示
RRM	Radio Resource Management	无线资源管理
RTP	Real Time Protocol	实时协议
rtPS	real-time Polling Service	实时轮询业务
RTT	Radio Transmission Technology	无线传输技术
Rx	Receiver	接收机

S

SAP	Service Access Point	业务接入点
SAR	Segmentation and Reassembly	分段和重组
SC	Single Carrier	单载波

SCCP	Signaling Connection Control Part	信令连接控制部分
S-CCPCH	Secondary Common Control Physical Channel	辅助公共控制物理信道
SCH	Synchronization Channel	同步信道
SCP	Service Control Point	业务控制点
SCTP	Stream Control Transmission Protocol	串流控制传输协议
SDU	Service Data Unit	业务数据单元
SEMC	Safety Equipment Management Centre	安全性设备管理中心
SF	Spreading Factor	扩频因子
SFID	Service Flow Identifier	业务流标识符
SGSN	Serving GPRS Support Node	服务 GPRS 支持节点
SGW	Signaling Gateway	信令网关
SIGTRAN	Signaling Transport	信令传输（协议）
SIM	Subscriber Identity Module	用户识别模块
SIP	Session Initiated Protocol	会议初始协议
SIR	Signal to Interference Ratio	信干比
SM	Session Management	会话管理
SMC	Serial Management Controller	串行管理控制器
SME	Short Message Entity	短消息实体
SMLC	Serving Mobile Location Centre	服务移动位置中心
SMS	Short Message Service	短消息业务
SNR	Signal to Noise Ratio	信噪比
SR	Spreading Rate	扩频速率
SRNC	Serving RNC	服务 RNC
SRNS	Serving RNS	服务 RNS
SS7	Signaling System #7	7 号信令系统
SSC	Secondary Synchronization Code	辅助同步码
SSCF-NNI	Service Specific Coordination Function-Network Node Interface	特定业务协调功能 – 网络节点接口
SSCOP	Service Specific Connection Oriented Protocol	特定业务面向连接协议
SSCS	Service Specific Convergence Sublayer	特定业务聚合子层
SSM	Supplementary Service Management	补充业务管理
SSP	Service Switching Point	业务交换点
SSTG	Subscriber Station Transition Gap	用户站转换间隔
STBC	Space-Time Block Code	空时分组码
STC	Signaling Transport Converter	信令传送转换
STS	Space-Time Spread	空时扩展
STTC	Space-Time Trellis Code	空时格码
STTD	Space-Time Transmit Diversity	空间时间发射分集
SVC	Switched Virtual Circuit	交换虚电路

T

TA	Termination Adapter	终端适配器
TACS	Total Access Communications System	全入网通信系统
TCH	Traffic Channel	业务信道
TCP	Transmission Control Protocol	传输控制协议
TDD	Time Division Duplex	时分双工
TDM	Time Division Multiplexing	时分复用
TDMA	Time Division Multiple Access	时分多址接入
TD-SCDMA	Time Division-Synchronous Code Division Multiple Access	时分同步码分多址接入
TE	Terminal Equipment	终端设备
TFCI	Transport Format Combination Indicator	传送格式组合指示
THIG	Topology Hiding Inter-network Gateway	拓扑隐藏内部网络网关
THSS	Time Hopping Spread Spectrum	跳时扩频
TIA	Telecommunications Industry Association	美国电信工业协会
TM	Transparent Mode	透明模式
TMN	Telecommunication Management Network	电信管理网络
TPC	Transmission Power Control	传输功率控制
TrFO	Transcoder Free Operation	免码变换操作
TRX	Transmitter and Receiver	射频收发系统
TS	Technical Specification	技术规范
TSTD	Time Switched Transmit Diversity	时间切换发射分集
TTA	Telecommunications Technology Association	韩国电信技术协会
TUP	Telephone User Part	电话用户部分
Tx	Transmitter	发射机

U

UDP	User Datagram Protocol	用户数据报协议
UE	User Equipment	用户设备
UGS	Unsolicited Grant Service	主动授权业务
UIM	User Identity Model	用户识别模块
UL	UpLink	上行链路
UM	Unacknowledged Mode	非确认模式
UMS	User Mobility Server	用户移动性服务器
UMTS	Universal Mobile Telecommunications System	通用移动通信系统（欧洲的3G名称）
UpPTS	Up Pilot Time Slot	上行导频时隙
USCH	Uplink Shared Channel	上行共享信道